箱根に咲く花

勝山輝男 著

有隣堂

【目次】

ハコネコメツツジ

季節の花（草本編）

樹木の花（木本編）

マメザクラ

【はじめに】

登山やハイキングで名前のわからない花が咲いていると、その場で種名を調べたくなる。山を限った植物図鑑があると、1冊だけリュックに忍ばせておけばすみ便利である。

神奈川県西部には南から、箱根火山、丹沢山地、小仏山地と性質の異なる3つの山地があり、その植物相も異なっている。すでに『丹沢に咲く花』と『高尾山に咲く花』が出ており、『箱根に咲く花』で3冊が揃う。本書では箱根火山の中腹以上に見られる草花を中心に約550種の植物を掲載した。東西は外輪山、北は南足柄市の足柄峠、南は熱海市の日金山や岩戸山あたりまでの範囲で撮影した植物写真で構成した。

箱根、丹沢、富士山、伊豆などにはこの地域に分布が限られた植物が数多くある。フォッサ・マグナは「大きな溝」の意味で、ナウマンゾウで有名なドイツ人のナウマンが，糸魚川―静岡構造線の東側の地溝帯に名付けたものであるが、この地溝帯の南半分の地域は、日本の植物区系を論じる際にはフォッサ・マグナ地区として区分され、この地区に固有な植物をフォッサ・マグナ要素植物と呼ぶ。岩場、風衝地、崩壊地、林縁などに生えるものが多く、火山活動によるオープンな環境に分化した種類と考えられている。箱根はサンショウバラ、ハコネシロカネソウ、ハコネグミ、ハコネオトギリ、ムラサキツリガネツツジなど、分布域の狭いものもあり、フォッサ・マグナ地区の中心地域といえる。

【日本の植物区系とフォッサ・マグナ地区】

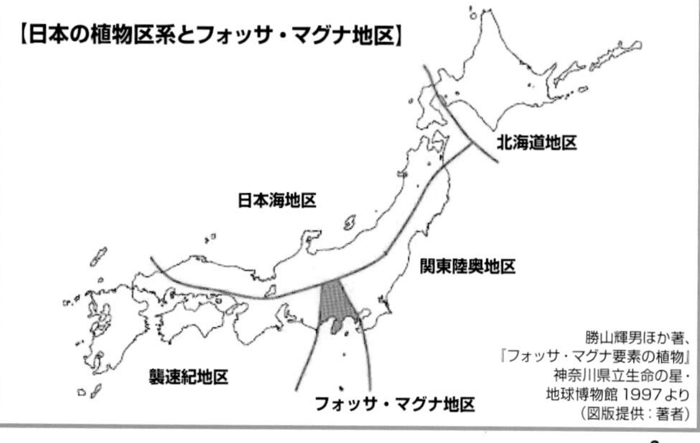

勝山輝男ほか著、『フォッサ・マグナ要素の植物』神奈川県立生命の星・地球博物館 1997より（図版提供：著者）

【箱根火山】

箱根火山はおよそ70万年前に始まる。湯河原の天照山に見られる溶岩がもっとも古く、次いで早川の渓谷や南足柄市狩川上流に見られる溶岩が古いと言われる。その後、金時山の山体や明神ヶ岳の山体など、中規模の成層火山がいくつも作られた。20万年～4万年前ぐらいには、カルデラの形成を伴う大規模な噴火を繰り返し、最後に二子山、駒ヶ岳、神山、台ヶ岳などの中央火口丘が作られた。3000年前の冠岳の噴火でできた火山荒原が大涌谷である。これが最後の噴火と考えられていたが、2015年の大涌谷の活動が小規模な噴火とされ、箱根の火山活動が今も続いてることが再認識された。

中央火口丘遠景

国土地理院地形図に地名を追記して作成

大涌谷

【火山荒原】

大涌谷のヒメノガリヤス

大涌谷では今でも硫化水素を含む噴気が各所に立ち上っている。噴気孔に近い所では硫化水素、酸性土壌、高い地温の影響で植物が生育できず岩礫地になっている。

噴気孔から少し離れると、ススキ、ヒメノガリヤス（下写真）、ヒメスゲ、イタドリ、サルトリイバラなど酸性土壌や硫化水素に強い草本植物が生育できるようになる。噴気孔からさらに離れると、ハコネハナヒリノキなどの好陽性の低木が生育するようになり、アセビ、サラサドウダン、スノキ、ノリウツギ、イヌツゲ、タンナサワフタギなどの低木が群落を作るようになる。

大涌谷の上部では2015年の噴火以後、上層の樹木の樹冠は枯れたが、林床のアカバナヒメイワカガミは勢いを増している。大涌谷〜早雲山にかけてはアカバナヒメイワカガミの花の名所として知られているが、その成立には火山活動が関わっていると思われる。

【風衝低木林、岩場、崩壊地】

駒ヶ岳や二子山、金時山の山頂付近など、風が強い斜面では高木が育たず、リョウブ、サラサドウダン、トウゴクミツバツツジ、ミヤマイボタ、マメザクラ、マメグミなどの低木林が成立する。特に風の強い場所は風衝草地になり、フジアカショウマやシモツケソウなどが見られる。風衝草地の間に点在する岩場には5月の連休頃にコイワザクラやアカバナヒメイワカガミ、6月にはハコネコメツツジやオノエラン、夏にはキンレイカやイワキンバイなどが見られる。

明神ヶ岳の箱根町側は崩壊地が連続している。崩壊地にはフジアザミ、バライチゴ、ヤマジソなど崩壊地に特有な植物がかろうじて生育している。

明神ヶ岳の崩壊地と金時山

二子山山頂付近

【金時山に分布が限られる植物】

金時山は箱根外輪山の北端に位置し、標高 1212m あり、外輪山の最高峰である。シロヤシオは丹沢には広く分布するが、箱根では金時山のみに見られる。足柄峠からの登山道が急峻になり、鎖や梯子がかかっているあたりに多い。箱根で金時山のみに分布する植物には、ハコネハナゼキショウ、ヒメシャガ、ミヤマカラマツ、ヒトツバショウマ、シラヒゲソウ、ツルキジムシロ、マンサク、フウリンウメモドキ、イワシャジン、ウスユキソウ、タンザワヒゴタイがある。これらの植物の多くは山頂に近い岩場に生育する。

【箱根のブナ林】

箱根や伊豆半島などでは標高 700 ～ 800 mよりも上部ではブナ、ミズナラ、カエデなどの落葉広葉樹林になる。この植生帯を優先するブナに代表させてブナ帯という。箱根のブナ林はブナのほか、ヤマボウシ、コミネカエデ、オオモミジ、オオイタヤメイゲツ、マメザクラ、イヌシデ、ミズナラ、アセビ、タンナサワフタギ、トウゴクミツバツツジなどが特徴的に見られ、ヤマボウシ―ブナ群集としてまとめられている。箱根では三国山や台ヶ岳などにブナの老木が残されている。

三国山のブナ

【仙石原湿原】

箱根仙石原は神奈川県で唯一の広大な湿原で、外輪山と中央火口丘に挟まれた標高650mのカルデラ平原にあり、台ヶ岳方面からの湧水に涵養されている。湿原の南端の県道仙石原—湯河原線に近い所は国指定の天然記念物になっている。6月頃にはノハナショウブのほかクサレダマやカセンソウなどの花が咲く。モウセンゴケ、ムラサキミミカキグサ、サギスゲ、ミズチドリ、ミズトンボ、トキソウ、ミズオトギリ、タカクマヒキオコシ、サワギキョウ、キセルアザミなど、神奈川県では仙石原にしか見られない湿原植物が多数ある。

仙石原湿原（上）　仙石原ススキ原と台ヶ岳（下）

仙石原は1970年頃までは茅場として利用され、毎年火入れが行われていた。野焼きが行われなくなると、1980年頃には樹木が侵入し、このままでは湿原が消滅してしまうことが危惧された。2000年から、毎年3月に火入れが行われるようになり、湿原の遷移は止められ、ヨシ原やススキ原が維持できるようになった。台ヶ岳側の斜面は箱根でもっとも広大なススキ草原として維持され、2023年には草原の里100選にも選ばれ、貴重な観光資源となっている。

【本書の使い方】

本書では、箱根及びその周辺の山地に自生する花を紹介しています。植物を季節の花（草本）、樹木の花（木本／低木・つる性）に分け、さらに原則として開花時期（一部、果実が目立つものは果期）の早い順で並べています。巻末にある索引を利用すると、植物名でも探すことが出来ます。

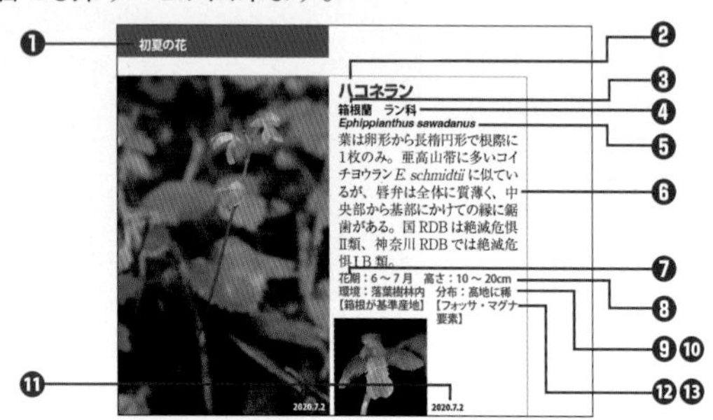

❶ガイド表記：草本・樹木を表記しています。
❷種　名：一般的な名前を表記しています。名前の由来については諸説あります。
❸漢字名：種名を表す漢字表記です。
❹科　名：APG III分類体系に準拠した科名を表記しています。
❺学　名：世界共通で生物の種および分類に付けられる名称です。
❻解説文：花や植物の特徴や分布状況等を解説しています。
❼花期・果期：箱根及びその周辺での開花時期です。気候条件や標高などにより前後したり、開花しないこともあります。樹木には果期を表記し、草本では果実の特徴的な一部のみ果期を表記しています。
❽高　さ：草本、樹木の高さです。（つる性木本については「～に登る」と表記しました。）
❾環　境：植物が生息している環境を表しています。
❿分　布：箱根の中で植物が生息する場所（範囲）を全域、南部、高地、中標高地、山麓のように記し、その個体数を多、少、稀で表記しました。
⓫撮影日：西暦・月・日で表記しています。写真は全て箱根にて実際に撮影したものを使用しています。撮影日にその花が開花していたことを示すものです。
⓬【箱根が基準産地】：箱根及びその周辺の山地で採集された標本にもとづいて学名がつけられたものに表記しました。
⓭【フォッサ・マグナ要素】：フォッサ・マグナ帯の南部に見られる固有種に表記しました。
本書をお使いいただく際に必要な花や葉の図は次ページを、専門用語については、巻末の用語解説を参照してください。

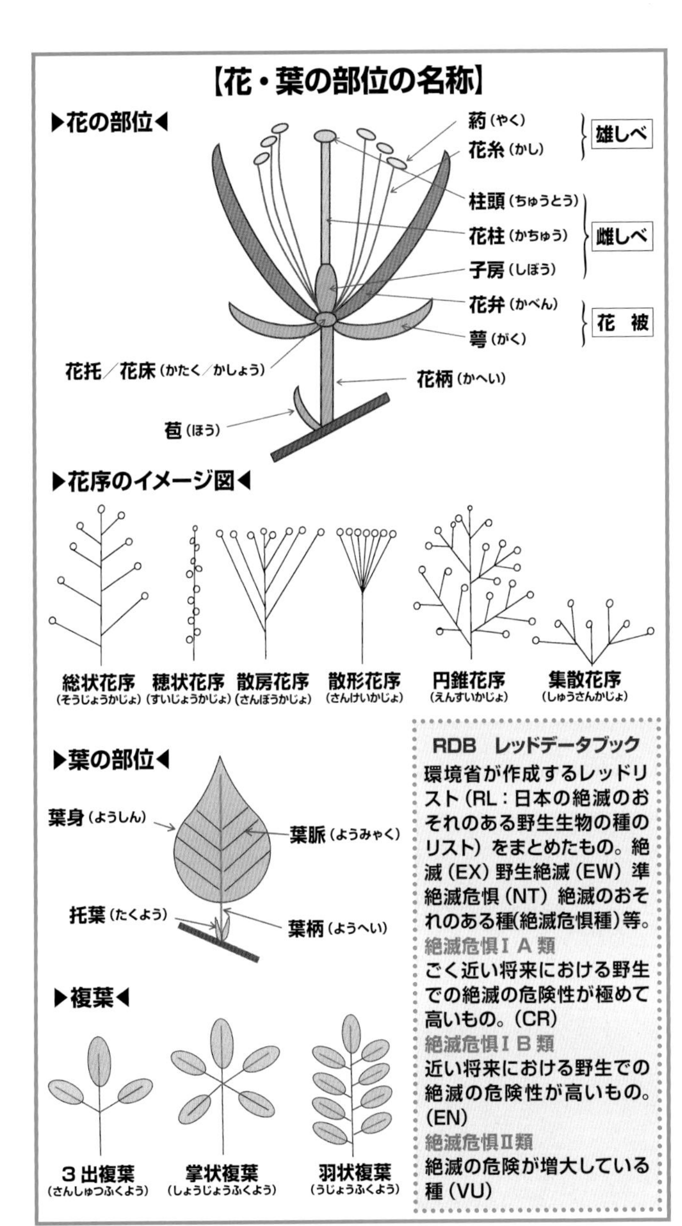
【花・葉の部位の名称】
▶花の部位◀
葯（やく）
花糸（かし）
雄しべ
柱頭（ちゅうとう）
花柱（かちゅう）
子房（しぼう）
雌しべ
花弁（かべん）
萼（がく）
花　被
花托／花床（かたく／かしょう）
花柄（かへい）
苞（ほう）
▶花序のイメージ図◀
総状花序
（そうじょうかじょ）
穂状花序
（すいじょうかじょ）
散房花序
（さんぼうかじょ）
散形花序
（さんけいかじょ）
円錐花序
（えんすいかじょ）
集散花序
（しゅうさんかじょ）
▶葉の部位◀
葉身（ようしん）
葉脈（ようみゃく）
托葉（たくよう）
葉柄（ようへい）
▶複葉◀
３出複葉
（さんしゅつふくよう）
掌状複葉
（しょうじょうふくよう）
羽状複葉
（うじょうふくよう）
RDB　レッドデータブック
環境省が作成するレッドリスト（RL：日本の絶滅のおそれのある野生生物の種のリスト）をまとめたもの。絶滅（EX）野生絶滅（EW）準絶滅危惧（NT）絶滅のおそれのある種(絶滅危惧種）等。
絶滅危惧Ⅰ A 類
ごく近い将来における野生での絶滅の危険性が極めて高いもの。（CR）
絶滅危惧Ⅰ B 類
近い将来における野生での絶滅の危険性が高いもの。（EN）
絶滅危惧Ⅱ類
絶滅の危険が増大している種（VU）

春の花

3月になると山麓ではムカゴネコノメやイワボタンなどのネコノメソウの仲間、ミヤマキケマン、コチャルメルソウ、ミヤマハコベ、セントウソウなどが咲き始める。花前線は少しずつ山を登り、1ヶ月ほどかかって標高1000mまで上がる。「春の花」では早春から上層の落葉樹が葉を展開するまでに花を咲かせる草本を紹介する。山麓では4月中、標高1000m以上では5月中に花を咲かせる草本を取り上げる。テンナンショウの仲間、スゲの仲間、スミレの仲間などは、「春の花」の後ろの方にまとめた。また、シュンランやキンランなどのラン科植物は夏のものとあわせて別に取り上げた。

2020.5.8

フタバアオイ

双葉葵　ウマノスズクサ科

Asarum caulescens

夏緑の多年草。葉は2枚つけ、卵状心形で先は尖る。花は新葉の基部に1個つき、萼は下半部が接し、上半部は強く反り返り、全体がお椀の形に見える。

花期：4～5月
高さ：8～15cm
環境：湿った樹林内
分布：芦ノ湖西岸や三国山などにやや少

2021.3.30

ランヨウアオイ

乱葉葵　ウマノスズクサ科

Asarum blumei

常緑の多年草。葉は基部両側が耳状に張り出し、上面は鮮緑色で光沢があり、淡色の紋様のあることが多い。花は淡紫褐色で径約2cm、萼筒は上部はわずかにくびれ、内面の縦の隆起線は17～20本。

花期：4～5月　高さ：5～15cm
環境：樹林内
分布：箱根峠付近～日金山にやや少
【フォッサ・マグナ要素】

ナベワリ

なべ割　ビャクブ科

Croomia heterosepala

多年草。茎は上部で弓状に曲がる。葉は卵状楕円形で5～9脈があり、縁は少し波状に縮れる。花は長い柄があり、柄の途中に小さな苞葉があり、花被片は黄緑色で4個あり、そのうちの1個が大きい。毒があり、舐めると舌が割れることから「舐め割」となった。

花期：4～5月
高さ：20～60cm
環境：樹林内
分布：全域に少
【箱根が基準産地】

2021.4.30

2021.4.7

ツクシショウジョウバカマ

筑紫猩々袴　シュロソウ科

Heloniopsis breviscapa* var. *breviscapa

別名コチョウショウジョウバカマ。多年草。葉はロゼット状に広げ、倒披針形で長さ3～12cm、幅8～12mm、暗緑色で縁が細かく波打つ。花茎の先に少しピンク色を帯びた白色花を2～6個つける。花後に花茎は長く伸び、さく果をつける。

花期：3～4月
高さ：10～30cm
環境：樹林内の湿った岩場や斜面
分布：ほぼ全域に稀

2020.4.8

2010.4.18

エンレイソウ

延齢草　シュロソウ科
Trillium apetaron

多年草。3個の葉を輪生し、その中心から短い柄を伸ばし、1個の花をやや横向きにつける。外花被片は紫褐色で内花被片はない。白色の内花被片があるミヤマエンレイソウは箱根には分布しない。

花期：4～5月　高さ：20～40cm
環境：湿った樹林内
分布：高地に少

2020.5.8

ツクバネソウ

衝羽根草　シュロソウ科
Paris tetraphylla

多年草。葉は4個（稀に5～7個）を輪生する。外花被片は4個で緑色、内花被片はなく、8本の雄しべと4裂した柱頭が目立つ。クルマバツクバネソウは葉が8個輪生し、箱根でも標高の高い所で記録されたことがある。

花期：5～6月　高さ：15～40cm
環境：湿った樹林内
分布：高地にやや少

2022.5.4

チゴユリ

稚児百合　イヌサフラン科
Disporum smilacinum

多年草。茎はふつう分枝せず、花は茎頂に1～2個をつけ、白色で横向きまたは下向きに平開する。

花期：4～5月
高さ：15～40cm
環境：乾いた明るい樹林内
分布：金時山や明神ヶ岳に少

ホウチャクソウ

宝鐸草　イヌサフラン科

Disporum sessile

多年草。茎はふつう分枝し、葉は互生して顕著な3脈が目立つ。花は枝先に下向きに1～3個つけ、花被片は緑白色で筒状に閉じたまま。果実は球形で黒く熟す。

花期：4～6月
高さ：30～60cm
環境：湿った樹林内
分布：全域に多

2012.5.28

ホソバノアマナ

細葉の甘菜　ユリ科

Lloydia triflora

多年草。鱗茎があり、根生葉は1個で幅1.5～3mm。花茎に白色花を1～5個つけ、花被片は長さ10～15mm、基部に腺体はない。神奈川RDBでは絶滅危惧IA類。

花期：4～5月
高さ：7～15cm
環境：ブナ帯の草地
分布：高地に稀

2012.5.14

アマドコロ

甘野老　クサスギカズラ科

Polygonatum odoratum* var. *pluriflorum

多年草。茎は稜角があり、直立して上部で弓状に曲がる。葉は下面が粉白緑色で脈上は平滑。花は白色筒状で下垂し、先は淡緑色。

花期：4～5月
高さ：30～60cm
環境：草地や明るい樹林内
分布：全域にやや少

2019.5.23

2005.5.2

ジロボウエンゴサク

次郎坊延胡索　ケシ科

Corydalis decumbens

多年草。地下にある球形の塊茎から直接花茎と根生葉が出る。根生葉は２～３回３出複葉で、小葉は2～3に深く裂ける。花は淡紅紫色で苞に切れ込みがない。

花期：3～5月
高さ：10～20cm
環境：山麓の落葉樹林内
分布：全域に多

2020.4.6

ムラサキケマン

紫華鬘　ケシ科

Corydalis incisa

越年草で塊茎はない。茎葉は多数あり、２回３出複葉で、小葉は羽状に裂ける。茎頂に総状花序をつけ、紅紫色花を多数つける。花が白色に近いものをシロヤブケマンという。

花期：4～5月
高さ：20～50cm
環境：土手や落葉広葉樹林内
分布：山麓から中標高域に多

2020.4.6

ミヤマキケマン

深山黄華鬘　ケシ科

Corydalis pallida* var. *tenuis

越年草。茎葉は互生し、粉白を帯び、羽状複葉で小葉はさらに分裂する。茎頂に総状花序をつけ、多数の淡黄色花をつける。果実は著しく数珠状にくびれる。

花期：4～5月
高さ：15～50cm
環境：谷筋の砂礫地やガレ場など
分布：全域に多

バイカオウレン

梅花黄連　キンポウゲ科
Coptis quinquefolia

別名ゴカヨウオウレン。常緑の多年草で匐枝を伸ばしてふえる。根生葉は小葉が5個の鳥足状複葉で、光沢があり、鋭い鋸歯がある。花は径12～18mm、萼片は白色花弁状、花弁は黄色で蜜を分泌。果実は袋果で輪状に並ぶ。神奈川RDBでは絶滅危惧IA類。

花期：3～4月
高さ：4～15cm
環境：樹林内
分布：高地に稀

果実　2016.5.28

2021.3.23

ウスギオウレン

薄黄黄連　キンポウゲ科
Coptis lutescens

常緑の多年草。根生葉は3回3出複葉。花は径約1cm、萼片は狭披針形で先が尖り、淡い黄色。花弁は小さく、黄色で蜜を分泌。丹沢には産地が多いが、箱根では限られた場所に生える。コセリバオウレンは花弁が白色で、葉だけでは識別できないほど似ているが、箱根には分布しない。

花期：2～3月
高さ：4～15cm
環境：樹林内
分布：外輪山の南足柄市側に稀

2002.3.1

ヒメウズ

姫烏頭　キンポウゲ科

Semiaquilegia adoxoides

多年草で塊茎がある。根生葉があり、茎葉は互生し、ともに3出複葉。花は白色～淡紅色で径約5mm、萼片は5個で花弁状、花弁は萼片の半長で淡黄色、基部に短い距がある。

花期：3～5月
高さ：15～40cm
環境：土手や草地
分布：山麓に多

2020.4.6

2020.4.6

トウゴクサバノオ

東国鯖の尾　キンポウゲ科

Dichocarpum trachyspermum

多年草。地下茎は発達せず走出枝もない。根生葉があり、茎葉は対生する。花は全開せず、径6～8mmの淡黄色。水平に開いた果実を鯖の尾に見立てた。

花期：3～4月
高さ：10～20cm
環境：湿った樹林内
分布：箱根の南側半分にやや少

2020.4.19

2021.4.21

ニリンソウ

二輪草　キンポウゲ科

Anemone flaccida

多年草。根生葉は1～6個、長い柄があり3全裂する。茎葉は3個輪生し、無柄で深い切れ込みがある。花はふつう2個つけ、径1～3cm、花弁はなく、白色花弁状の萼片が5～7枚ある。雄しべは多数。雌しべも多数。次種とともに代表的な早春植物で初夏には地上部が枯れる。

花期：4～5月
高さ：15～30cm
環境：沢沿いの落葉広葉樹林内
分布：東側～南側山麓にやや少

2020.4.9

キクザキイチゲ

菊咲一華　キンポウゲ科

Anemone pseudoaltaica

多年草。根生葉は2～3回3出複葉で小葉は羽状に深裂する。茎葉は3個輪生し、鞘状に広がった柄があり、小葉は深く切れ込む。花は白色、青紫色、紅紫色など変化がある。箱根のものは他地域に比べて小さくコキクザキイチゲ var. *gracilis* として区別されることがある。

花期：4～5月
高さ：10～30cm
環境：明るい落葉広葉樹林内
分布：南側半分の高地にやや少

青紫色花　2012.5.7

2012.5.7

2021.3.23

ムカゴネコノメ

零余子猫の目　ユキノシタ科
Chrysosplenium maximowiczii

地下に走出枝が伸ばし、その先にむかごをつける。葉は対生し、円い鋸歯が5～7個ある。萼裂片は淡緑色、葯は黄色。箱根に分布するネコノメソウの仲間ではもっとも花が早く咲く。

花期：2～4月
高さ：5～15cm
環境：沢沿いの樹林内
分布：全域に多
【フォッサ・マグナ要素】

果実　2021.3.30

2006.4.24

イワボタン

岩牡丹　ユキノシタ科
Chrysosplenium macrostemon* var. *macrostemon

走出枝はよく伸びる。葉は対生し、緑色、苞葉は黄色、雄しべは萼片より長く、葯は黄色。変種のヨゴレネコノメ var. *atrandrum* は葉が濃緑色で赤みを帯び、葯が暗紅色のもの。

花期：3～4月　高さ：5～15cm
環境：沢沿いの湿地や流水縁
分布：全域に多

ヨゴレネコノメ
2021.3.30

ハナネコノメ

花猫の目　ユキノシタ科

Chrysosplenium album* var. *stamineum

走出枝はよく伸びる。葉は対生し、茎や葉に軟毛がある。4個の萼片は白色、雄しべの葯は紅色。

花期：3～4月
高さ：5～10cm
環境：沢沿いの湿った岩上など
分布：全域に多

2006.3.20

ネコノメソウ

猫の目草　ユキノシタ科

Chrysosplenium grayanum

走出枝はよく伸びる。葉は対生し、葉腋を除き毛はない。花弁はなく、萼片や苞葉は黄色で、雄しべは萼片より短い。

花期：3～4月
高さ：5～20cm
環境：沢沿いの湿地や流水縁
分布：仙石原、須雲川上流、日金山などに少

2021.4.24

ヤマネコノメ

山猫の目　ユキノシタ科

Chrysosplenium japonicum

走出枝は出さず、花後、根元に毛のあるむかごをつくる。葉は互生し、茎や葉は有毛。花弁はなく、萼片や苞葉は黄緑色。

花期：3～4月
高さ：10～20cm
環境：湿った樹林内
分布：全域に多

2018.3.25

2020.4.9　2016.4.30

コチャルメルソウ

小哨吶草　ユキノシタ科
Mitella pauciflora

多年草。葉は卵円形で5浅裂し、粗い毛がある。花は両性で淡黄緑色、花弁は羽状に裂ける。裂開した果実の先が開き、これをラーメン屋のラッパに見立てた。

花期：3～5月　高さ：20～40cm
環境：沢筋の湿った樹林内
分布：全域に多

2015.5.5

ヒメレンゲ

姫蓮華　ベンケイソウ科
Sedum subtile

多年草。茎葉は互生し、狭倒披針形で長さ5～10mm。花後に走出枝を出し、さじ形の葉のロゼットをつける。花は径6～8mmの黄色で葯は赤褐色。

花期：4～5月
高さ：5～15cm
環境：渓流の岩上
分布：全域にやや少

2020.4.25

ヒメハギ

姫萩　ヒメハギ科
Polygala japonica

多年草。5個の萼片のうち、側萼片2個は花弁状で大きく横に張り出し、花後に果実を包む。3個の花弁は筒状に集まり、下側の1個の先が房状になって目立つ。

花期：4～6月
高さ：10～30cm
環境：日当たりの良い草地や路傍
分布：全域に多

ミツバツチグリ

三つ葉土栗　バラ科

Potentilla freyniana

多年草。根生葉は長い柄がある3出複葉。小葉は長楕円形～卵形で鈍頭、そろった鋸歯がある。花後に地上匐枝を伸ばし、その葉は根生葉よりも小さい。有花茎は斜上し、集散花序に黄色の5弁花をつける。萼片は狭卵形、副萼片は萼片よりも少し短い。

花期：4～5月　高さ：5～20cm
環境：林縁や草地
分布：全域に多

萼　2020.4.9

2016.4.30

ツルキンバイ

蔓金梅　バラ科

Potentilla rosulifera

多年草。長い地上匐枝を伸ばし、匐枝の葉は根生葉よりも大きくなる。葉は3出複葉で小葉は菱状卵形で先は尖り、尖った粗い鋸歯がある。萼片は狭卵形、副萼片は萼片より短く先は3裂する。丹沢には多産するが、箱根では限られた場所にあるのみ。

花期：4～5月　高さ：5～20cm
環境：落葉広葉樹林内の岩礫地や草地
分布：乙女峠周辺や丸岳北面に少

萼　2020.4.15

2020.4.15

2020.4.9

キジムシロ

雉莚　バラ科

Potentilla fragarioides

多年草。全体に開出毛があり、地上匐枝はない。根生葉は5〜9小葉からなる奇数羽状複葉。有花茎は小型の葉を互生し、集散花序に黄色の5弁花をつける。

花期：4〜5月
高さ：5〜20cm
環境：林縁や草地
分布：山麓に多

2011.5.16

ツルキジムシロ

蔓雉莚　バラ科

Potentilla stolonifera

多年草。葉は羽状複葉で5〜7小葉からなる。長い地上匐枝を伸ばし、匐枝の葉は根生葉よりも小さい。花は径13〜17mm。神奈川RDBでは絶滅危惧IB類。

花期：4〜5月
高さ：5〜20cm
環境：岩場や草地
分布：金時山にやや少

2021.3.30

カントウミヤマカタバミ

関東深山片喰　カタバミ科

Oxalis griffithii* var. *kantoensis

多年草。地下茎は肥大し、古い葉柄の基部が残存する。葉は逆3角形の3小葉からなり、小葉の先は浅く凹む。花茎の先に白色花を1個つける。

花期：3〜4月
高さ：7〜20cm
環境：沢筋の湿った樹林内
分布：全域に多

ナツトウダイ

夏灯台　トウダイグサ科
Euphorbia sieboldiana

多年草。傷つけると乳液を出す。花序の下の葉はやや大きく輪生。枝先に2個の総苞葉をつけ、その間に杯状花序と呼ばれる壺状の花序をつけ、その縁には三日月形の腺体がある。

花期：4～5月
高さ：20～40cm
環境：明るい樹林内や林縁
分布：山麓～中標高地に多

2020.4.6

ミツバコンロンソウ

三葉崑崙草　アブラナ科
Cardamine anemonoides

多年草。茎葉は3～4個、上部の葉が大きく、3出複葉で小葉には不揃いな鋸歯がある。白色の4弁花を少数つける。

花期：4～5月
高さ：5～10cm
環境：湿った樹林内
分布：高地にやや少

2016.4.30

マルバコンロンソウ

円葉崑崙草　アブラナ科
Cardamine tanakae

越年草。茎、葉、花柄、果実などに毛が多い。茎葉は2～3対の小葉をもつ羽状複葉で、頂小葉は円形で側小葉よりも大きい。

花期：3～4月
高さ：7～20cm
環境：沢筋の湿った樹林内
分布：全域に多
【箱根が基準産地】

2020.4.22

ミチタネツケバナ

道種付花　アブラナ科

Cardamine hirsuta

ヨーロッパ原産の越年草。茎葉は発達せず、花期にロゼット状の根生葉が目立ち、葉柄基部に刺毛状の毛が散生する。果実は開出せず立つ。

花期：3～4月
高さ：10～30cm
環境：路傍の草地
分布：全域に多

タネツケバナ

種付花　アブラナ科

Cardamine occulta

越年草。茎は紫色を帯び、有毛。茎葉が発達し、頂小葉は側小葉よりもやや大きく、葉柄基部に刺毛状の毛がない。果実はやや開出気味につく。

花期：3～5月
高さ：10～30cm
環境：路傍の草地
分布：全域に多

オオバタネツケバナ

大葉種付花　アブラナ科

Cardamine scutata

多年草。茎や葉は軟らかく、紫色を帯びず、全体に無毛。頂小葉は側小葉よりも著しく大きく、長さは幅の2倍以上ある。花もやや大きい。

花期：3～5月
高さ：20～40cm
環境：沢筋や流水縁
分布：全域に多

タチタネツケバナ

立種付花　アブラナ科

Cardamine fallax

越年草。茎は直立し、有毛。頂小葉と側小葉は同大で、深い湾入や切れ込みが目立つ。葉柄基部は茎を抱かない。花には白色の花弁がある。

花期：4～5月
高さ：30～50cm
環境：路傍や河原
分布：全域に多

2020.5.5

葉の基部　2020.5.5

2020.5.5

ジャニンジン

蛇人参　アブラナ科

Cardamine impatiens

越年草。茎は直立し、外見はタチタネツケバナに似るが、葉柄基部が耳状になって茎を抱く。ときに花弁がないことがある。

花期：4～5月
高さ：30～50cm
環境：路傍や河原
分布：畑宿、根府川、南郷山などにやや少

2016.5.14

葉の基部　2016.5.14

2016.5.14

2021.3.30

ユリワサビ

百合山葵　アブラナ科
Eutrema tenue

多年草。根生葉は葉柄が長く、径2～4cmの円心形で波状の鋸歯がある。有花茎は倒れやすく、小さい葉を互生する。ワサビに似た辛味がある。

花期：3～4月
高さ：10～30cm
環境：沢筋の湿った樹林内
分布：山麓に多

2010.4.18

ハルトラノオ

春虎の尾　タデ科
Bistorta tenuicaulis

多年草。根生葉は長い柄があり、長楕円形で長さ3～7cm、基部はくさび形。花茎は高さ5～15cm、円柱状の花序は長さ1.5～3cm、花は白色。

花期：3～4月
高さ：5～15cm
環境：樹林内
分布：南半分の中標高地～高地に多

2021.4.7

ミヤマハコベ

深山繁縷　ナデシコ科
Stellaria sessiliflora

多年草。茎は斜上し、片側に1条の軟毛がある。葉は対生し、長い柄があり、上面は無毛。花は白色で花弁は5個、深く2裂し萼片よりも長い。花柱は3個。

花期：4～5月
高さ：5～30cm
環境：湿った樹林内
分布：全域に多

コイワザクラ

小岩桜　サクラソウ科
Primula reinii

多年草。茎や葉に白毛が多い。根生葉は長い柄があり、円心形で縁は浅く裂ける。花冠筒部は長さ約1cm、先は5裂し、さらに2中裂し、径2.5～3cm。フォッサマグナ地域と少し離れて紀伊半島に隔離分布する。神奈川RDBでは絶滅危惧Ⅱ類。

花期：4～5月
高さ：5～10cm
環境：岩場や風衝草地
分布：駒ヶ岳や神山、金時山、明神ヶ岳の高地に稀
【フォッサ・マグナ要素】

2016.4.30

ヤマトグサ

大和草　アカネ科
Theligonum japonicum

多年草。茎は片側にのみ細毛がある。葉は対生し、柄があり、膜質3角形の葉間托葉がある。花は単性で雌花は目立たない。写真は雄花が咲いているところで、3個の萼が反り返り、多数の雄しべが垂れ下がる。花が終ると側枝が長く伸びる。花のない株はハシカグサ（142ページ）やシロバナイナモリソウ（108ページ）に似ている。

花期：4～5月
高さ：10～30cm
環境：樹林内
分布：南足柄市側や三国山に少

2016.4.30

2012.5.23

アカバナヒメイワカガミ

赤花姫岩鏡　イワウメ科
Schizocodon ilicifolius* var. *australis

常緑の多年草。葉は卵円形で長い柄があり、側脈は基部まで羽毛状で、縁には3～6対の尖った3角形の鋸歯がある。花は紅色の漏斗形で先は5裂し、裂片の縁はさらに細かく裂ける。火山ガスに強く、大涌谷上部では2015年の噴火後も群落が維持されている。

花期：4～5月
高さ：10～20cm
環境：岩場
分布：高地に多（大涌谷～冠岳周辺は特に生育密度が高い）
【フォッサ・マグナ要素】

2020.5.5

フデリンドウ

筆竜胆　リンドウ科
Gentiana zollingeri

越年草。葉は対生し、根生葉は茎葉より小さく、枝は上部で分枝する。萼裂片は広披針形でしだいに尖り、そり返らない。花は青紫色でつぼみを筆に見立てた。

花期：4～5月
高さ：5～10cm
環境：明るい樹林内や草地
分布：全域に多

2021.4.12

ホタルカズラ

蛍葛　ムラサキ科

Lithospermum zollingeri

多年草。花後に基部から匐枝を出し、翌年の花枝をつける。葉は互生し基部が盤状の開出粗毛を密生する。花冠は青紫色で径15～18mm、裂片の中肋に沿って5本の白色隆起がある。

花期：4～5月
高さ：15～25cm
環境：乾いた明るい樹林内や林縁
分布：山麓にやや少

2005.5.2

ヤマルリソウ

山瑠璃草　ムラサキ科

Nihon japonicum

多年草。根生葉は茎葉よりも大きく、倒披針形で多数ある。有花茎は斜上し、開出した白毛があり、花序はふつう分岐しない。花冠は径約1cm、ふつう淡青紫色で稀に淡紅色のものがある。

花期：3～5月　高さ：10～20cm
環境：沢筋の湿った斜面
分布：全域に多

2020.4.9

サギゴケ

鷺苔　サギゴケ科

Mazus miquelii

別名ムラサキサギゴケ、ヤマサギゴケ。多年草。地上匐枝を伸ばす。山地に生えるものは毛が多く、ヤマサギゴケとして区別されたことがある。

花期：4～5月
高さ：5～10cm
環境：路傍の草地
分布：全域に多

2020.4.25

2020.4.22

オウギカズラ

扇葛　シソ科

Ajuga japonica

多年草。花のつく茎は直立し、花後に匐枝を伸ばして群生する。葉は対生し、5角状心形で縁には粗い切れ込みがある。花は淡紫色でやや大きい。

花期：4～5月
高さ：5～20cm
環境：沢筋の湿った樹林内
分布：湯河原～日金山にやや稀

2020.4.22

2020.4.6

キランソウ

金瘡小草　シソ科

Ajuga decumbens

多年草。茎は地をはって広がり、節から根を出すことはなく、茎葉は対生、基部にはロゼット状の大きな葉がある。花は青色、上唇は極めて短く雄しべよりも短い。

花期：3～5月
高さ：2～10cm
環境：明るい樹林内や林縁
分布：全域に多

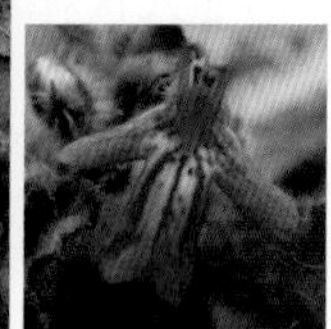

2020.4.6

カキドオシ

垣通し　シソ科

Glechoma hederacea* subsp. *grandis

多年草。花のつく茎は直立し、花後に長い匐枝を出す。葉は対生し、円心形で長い柄があり、縁には鈍鋸歯、下面には腺点がある。花は葉腋に１～３個つける。

花期：4～5月
高さ：10～30cm
環境：路傍の草地
分布：山麓～中標高地に多

2020.4.15

2020.4.15

タニギキョウ

谷桔梗　キキョウ科

Peracarpa carnosa

多年草。地下茎があり、群生する。茎の下部の葉は小さく互生し、上部の葉は大きく、輪生状につく。長い柄の先に径約1cmの白色花をつける。

花期：4～5月
高さ：3～10cm
環境：湿った樹林内
分布：全域に多

2020.3.22

2020.4.9

2011.4.24

センボンヤリ

千本槍　キク科

Leibnitzia anandria

多年草。葉は根生葉のみで下面は白色。春の頭花は開花し、白色～淡紫色の舌状花をつける。秋の頭花は筒状花のみをつけ、開花せずに淡褐色の冠毛をもつ果実ができる。

花期：4～5月、9～10月
高さ：春は5～10cm、秋は30～60cm
環境：草地や明るい樹林内
分布：中央火口丘を除くほぼ全域に少

秋の閉鎖花
2020.10.6

2016.4.30

アズマギク

東菊　キク科

Erigeron thunbergii* subsp. *thunbergii

多年草。全体に柔らかい毛が多い。根生葉は花時にもある。頭花は茎頂に1個つけ、径3～3.5cm、周辺の3列は淡紫色の舌状花で雌性、中央の筒状花は黄色で両性。神奈川RDBでは絶滅危惧ⅠA類。シオン属（*Aster*）に似ているが舌状花の列が多いことが異なる。

花期：4～5月
高さ：8～30cm
環境：シバ草地
分布：高地に稀
【箱根が基準産地の一つ】

ツルカノコソウ

蔓鹿の子草　スイカズラ科

Valeriana flaccidissima

多年草。花後に走出枝をのばして新苗ができる。茎葉は対生し、羽状に裂ける。散房花序に白色花を多数つけ、花後に萼が伸びて冠毛状になる。

花期：3～5月
高さ：20～40cm
環境：沢筋の湿った樹林内
分布：全域に多

2020.4.22

セントウソウ

仙洞草　セリ科

Chamaele decumbens

多年草。ほとんど根生葉のみで、葉身は2～3回羽状に切れ込み、葉柄基部は広がって鞘となる。散形花序の柄は不同長で総苞、小総苞、萼はない。

花期：3～4月
高さ：10～30cm
環境：路傍や樹林内
分布：全域に多
【箱根が基準産地】

2020.4.22

ヤブニンジン

藪人参　セリ科

Osmorhiza aristata var. *aristata*

多年草。葉は2回3出の羽状複葉。散形花序に白色の小さな花をつけ、一つの小花序に雄花と両性花を混生する。果実は長さ約2cmの棍棒状。

花期：4～5月
高さ：30～60cm
環境：路傍や樹林内
分布：山麓～中標高地に多

2020.4.22

2011.5.16

ハウチワテンナンショウ

葉団扇天南星　サトイモ科
Arisaema limbatum* var. *stenophyllum

葉は2枚、葉軸は短く、小葉は7〜11個、披針形で幅が狭い。仏炎苞口部は耳状に強く張り出さない。ヒガンマムシグサ *A. aequinoctiale* に含める説がある。神奈川RDBでは絶滅危惧II類。

花期：4〜5月　高さ：20〜50cm
環境：樹林内　分布：高地にやや少
【箱根が基準産地】

2018.3.25

ミミガタテンナンショウ

耳形天南星　サトイモ科
Arisaema limbatum* var. *limbatum

葉は2枚、葉軸は短く、小葉は7〜11個あり、卵状長楕円形。仏炎苞は葉より早く開き、花序柄は偽茎よりも長く、仏炎苞の口部は著しく耳状に開出する。

花期：3〜4月　高さ：20〜50cm
環境：湿った樹林内　分布：山麓に多

クロハシテンナンショウの型　1996.5.4

ヒトツバテンナンショウ

一葉天南星　サトイモ科
Arisaema monophyllum

葉は1枚、小葉は卵形〜楕円形で7〜9個。仏炎苞は葉状部の内面基部に紫斑があるか、内面全体が暗紫色に着色する。

花期：4〜5月　高さ：20〜60cm
環境：湿った樹林内
分布：南足柄市と湯河原にやや稀

テンナンショウの仲間

サトイモ科テンナンショウ属には球形の地下茎があり、葉柄基部は重なりあって茎のように直立し、これを偽茎という。偽茎の頂には仏炎苞に被われた円柱状の花序がつく。花は単性で円柱状の花序に多数がつき、花序の先にはこん棒状またはひも状の付属体がある。地下茎に十分な栄養を蓄えると雄株から雌株に変わる。

オドリコテンナンショウ

踊子天南星　サトイモ科

Arisaema aprile

偽茎は短く、花序の柄と同長または短い。葉は2枚、葉軸は短く、小葉は5個。国内希少野生動植物種。国・神奈川ともにRDBはは絶滅危惧ⅠA類。

花期：4～5月
高さ：10～25cm
環境：湿った樹林内
分布：高地に稀
【フォッサ・マグナ要素】

2021.5.12

カントウマムシグサ

関東蝮草　サトイモ科

Arisaema serratum

別名ムラサキマムシグサ。葉は2枚。仏炎苞は葉に遅れて開き、紫褐色または緑色で舷部（先の開いた部分）は筒部よりも長い。花序の付属体は棍棒状。

花期：4～6月
高さ：30～80cm
環境：湿った樹林内
分布：山麓～中標高地に多
【箱根が基準産地】

2006.5.24

ホソバテンナンショウ

細葉天南星　サトイモ科

Arisaema angustatum

葉は2枚で下方の葉が大きく、披針形の小葉が9～19個つく。仏炎苞は葉と同時に開く。花序の付属体は先に向かって次第に細くなり先端は小頭状。

花期：4～6月
高さ：20～80cm
環境：湿った樹林内
分布：全域に多

2006.5.24

2019.4.25

花穂　2019.4.25

ハリガネスゲ

針金菅　カヤツリグサ科

Carex capillacea

多年草。叢生し、匐枝は出さない。花穂は茎頂に1個つけ、上部の鱗片に雄花、下方の鱗片に雌花をつける。雌鱗片は褐色を帯びる。神奈川RDBでは絶滅危惧Ⅱ類。

花期：4～5月
高さ：10～30cm
環境：湿地
分布：仙石原、精進池、お玉が池などに少

2006.6.5

ヒメゴウソ

姫郷麻　カヤツリグサ科

Carex phacota* var. *gracilispica

多年草。葉は粉緑色で幅2～6mm。頂花穂は雄性、側花穂2～4個で雌性、先は垂れ下がる。果胞は乳頭状突起があり、レンズ状。

花期：4～5月
高さ：20～60cm
環境：湿地
分布：仙石原、精進池、お玉が池などに少

スゲの仲間

カヤツリグサ科スゲ属の植物は春に開花する多年草で、花穂と呼ばれる穂状の小花序に鱗片をつけ、鱗片の腋に1個の雄花または雌花をつける。雌花では果胞と呼ばれる壺状の器官の中に雌しべがあり、果実は果胞に包まれて熟す。スゲ属植物は多くの種があるが、似たものも多く、限られたページ数の中で紹介するのは難しい。本書では特徴のあるもの5種に限って紹介する。

ミヤマカンスゲ

深山寒菅　カヤツリグサ科

Carex multifolia var. *multifolia*

常緑の多年草。叢生し、葉は滑らかで幅5～10mm、基部の鞘は光沢のある紫褐色。頂花穂は雄性、側花穂2～4個は互いに離れて付き雌性。

花期：4～5月
高さ：20～50cm
環境：湿った樹林内
分布：全域に多

2012.5.14

ハコネイトスゲ

箱根糸菅　カヤツリグサ科

Carex hakonemontana

多年草。匐枝を伸ばし、葉は幅0.5mm。頂花穂は雄性、側花穂は1～2個で雌性、苞葉は刺状で短い。果胞は無毛で熟すと白色になる。

花期：4～5月　高さ：10～20cm
環境：樹林内　分布：全域に多
【箱根が基準産地】
【フォッサ・マグナ要素】

2016.5.28

ヒメスゲ

姫菅　カヤツリグサ科

Carex oxyandra

多年草。叢生する。葉は幅2～3mm、基部の鞘は赤色。頂花穂は雄性で黒紫色、側花穂2～4個は雌性で上部に集まり、鱗片は黒紫色。神奈川RDBでは絶滅危惧Ⅱ類。

花期：4～5月
高さ：10～30cm
環境：裸地や草地
分布：大涌谷に多

2023.5.9

スミレの仲間

スミレの花は左右相称の５弁花で、上弁が２個、側弁が２個、下方に唇弁が１個あり、その基部は袋状の距になっている。この特徴のある花やハート形の根生葉を見ればスミレの仲間とわかるが、似た種類が多くあり、正確に名前をいいあてるのは難しい。どこにでももっとも普通に見られるのがタチツボスミレで、ツボスミレやニオイタチツボスミレとともに地上に茎が伸びる特徴があり、根生葉のみの他種と区別できる。そのほか、側弁の内側の毛の有無、花の色と大きさ、葉の形などが種類を見分けるための識別点である。果実は３裂して種子を飛ばす。早春には葉が小さいが、花が終ると葉が大きくなり、ずいぶんとイメージが変わる。

2020.4.6

タチツボスミレ

立坪菫　スミレ科

Viola grypoceras* var. *grypoceras

咲きはじめ頃は地上茎は短く、次第に伸びて目立つようになる。托葉には櫛の歯状の切れ込みがある。花は淡青紫色。

花期：3～5月
高さ：5～15cm
環境：草地や明るい落葉樹林内
分布：全域に多

2020.4.15　2020.4.15

オトメスミレ

乙女菫　スミレ科

Viola grypoceras
f. purpurellocalcarata

タチツボスミレの野生の品種で、花が白色で距に青紫色が残るもの。牧野富太郎が乙女峠で発見。箱根では標高の高い所でよく見かける。

花期：3～5月　高さ：5～15cm
環境：明るい落葉樹林内
分布：全域に多　【箱根が基準産地】

ナガハシスミレ

長嘴菫　スミレ科

Viola rostrata subsp. *japonica*

別名テングスミレ。タチツボスミレに似ているが、長い距が立ち上がる。花弁は重なり合い、上弁が後ろに反り返る。葉はやや厚く光沢がある。主に日本海側に分布するが、太平洋側でも点々と産地がある。

花期：3～4月
高さ：5～15cm
環境：林縁や明るい落葉樹林内
分布：日金山や岩戸山に少

2021.3.30

2021.3.30

ニオイタチツボスミレ

匂立坪菫　スミレ科

Viola obtusa

全体にタチツボスミレに似るが、花柄はふつう微細な毛があり、花は紅紫色で中心が白く目立つ。花には香りがある。根生葉は円形または心形で先は鈍く、花後の茎葉は細長くなる。

花期：3～5月
高さ：5～15cm
環境：草地や明るい落葉樹林内
分布：全域に多

2021.4.7

2020.4.9

2019.4.25

ツボスミレ

坪菫　スミレ科
Viola verecunda

別名ニョイスミレ。全体に無毛、葉は心形で托葉は全縁で切れ込みがない。花は白色で小さく、唇弁に紫色の筋があり、側弁にふつう毛がある。変化が多く、花弁全体が淡紅色で唇弁が濃紅色のものをムラサキコマノツメ、夏葉が三日月形になるものをアギスミレという。

花期：4～5月　高さ：5～15cm
環境：湿った草地や樹林内
分布：全域に多

紅色花
2021.5.5

2012.5.8

エイザンスミレ

叡山菫　スミレ科
Viola eizanensis

花時の葉は3裂し、裂片はさらに細裂するが、花後に出る葉は幅広い3小葉になる。花は大型で白色から淡紅紫色まで変化があり、花弁の縁は波打ち、距は太い。

花期：4～5月
高さ：5～15cm
環境：林縁や樹林内の湿った所
分布：全域に多

花後の葉
2006.4.24

シコクスミレ

四国菫　スミレ科

Viola shikokiana

地下茎を伸ばして群生する。葉は１～３枚、卵形で先は尖り、基部は深い心形で縁には波状の鋸歯がある。花は株に１個のことが多く、白色で唇弁に紫色の筋があり、距は短くて丸い。主に太平洋側の山地ブナ帯に分布。

花期：4～5月
高さ：5～15cm
環境：湿った樹林内
分布：高地に多

群生する
2023.4.6

2016.4.30

マルバスミレ

円葉菫　スミレ科

Viola keiskei

葉は卵形または円く、先は鈍く尖り、上面や縁に毛がある。花は白色で花弁は先が円い。果実は無毛。以前は毛の無いものをマルバスミレ、茎や葉に粗毛があるものをケマルバスミレと分けることが多かったが、毛の無いものは稀なのでマルバスミレにまとめられた。

花期：3～4月
高さ：5～10cm
環境：路傍や沢筋の斜面など
分布：全域に多

2020.4.6

2016.4.30

アケボノスミレ

曙菫　スミレ科

Viola rossii

葉は明るい緑色で、円心形で先は尖り、両面に毛があり、開花後に展開する。花は淡紅紫色で距は太くて短い。

花期：4～5月
高さ：5～10cm
環境：林縁や明るい樹林内
分布：全域に稀

2021.3.30

ナガバノスミレサイシン

長葉の菫細辛　スミレ科

Viola bissetii

葉は開花後に展開し、3角状長卵形で、しばしば下面は紅色を帯びる。花は白色または淡紫色。側弁に毛はなく、距は太くて短い。

花期：3～4月
高さ：5～15cm
環境：沢筋の湿った樹林内
分布：全域に多

2020.5.14

スミレ

菫　スミレ科

Viola mandshurica

葉は3角状の披針形で基部は広いくさび形、葉柄の上方に翼があり、特に花後に出る葉で顕著。花は濃紫色のものが多く、側弁基部は有毛。

花期：4～5月
高さ：8～15cm
環境：草地や路傍
分布：全域にやや少

コスミレ

小菫　スミレ科

Viola japonica

葉は卵形でふつう無毛、裏面は紫色を帯びることが多く、夏葉は幅広く3角形。花は淡紫色で側弁はふつう無毛、距は太い。

花期：3～4月
高さ：5～10cm
環境：路傍や林縁
分布：山麓にやや少

2020.4.9

アカネスミレ

茜菫　スミレ科

Viola phalacrocarpa

葉は卵形で有毛、夏葉も形が変わらない。花は紅紫色で側弁は有毛、距は細くて長く、正面から見たときに柱頭がよく見えない。

花期：4～5月
高さ：5～10cm
環境：明るい雑木林内など
分布：全域に多

2019.4.25

コミヤマスミレ

小深山菫　スミレ科

Viola maximowicziana

葉は楕円形で上面の脈が赤色を帯びることが多く、花柄とともに粗い毛がある。萼は反り返り有毛。花は白色で唇弁は先が尖り紫色の筋がある。

花期：5月
高さ：5～10cm
環境：沢筋の湿った樹林内
分布：南側半分にやや少

2021.4.30

2019.4.25

サクラスミレ

桜菫　スミレ科
Viola hirtipes

葉は2～3枚が直立し、葉柄に立った白長毛が目立つ。花は紅紫色で大きく、側弁は有毛、上弁の先が凹む傾向がある。神奈川RDBでは絶滅危惧Ⅱ類。

花期：4～5月
高さ：5～15cm
環境：草原
分布：仙石原とその周辺にやや稀

1996.4.22

ヒナスミレ

雛菫　スミレ科
Viola takedana

葉は地面に水平に開き、長卵形で粗い鋸歯があり、基部は心形に深く湾入する。花は淡紅紫色。

花期：3～4月
高さ：3～8cm
環境：腐葉の多い落葉樹林内
分布：中標高地にやや少

2011.4.24

フモトスミレ

麓菫　スミレ科
Viola sieboldii

葉は卵形で縁の鋸歯は低く、ときに上面脈に班が入り、下面は紫色を帯びる。花は白色で唇弁に紫色の筋があり、側弁の基部に毛がある。神奈川RDBでは絶滅危惧Ⅱ類。

花期：4～5月
高さ：3～8cm
環境：草地
分布：中標高地～高地に少

ヒメミヤマスミレ

姫深山菫　スミレ科

Viola boissieuana* var. *boissieuana

葉は花よりも先に開き、3角状卵形で縁には鋭鋸歯があり、裏面はふつう緑色。花は白色で唇弁に紫色の筋があり、側弁基部は有毛、花柱の先端が明瞭に膨らむ。

花期：4～5月　高さ：3～8cm
環境：樹林内
分布：中標高地～高地にやや少

2021.4.11

2021.4.11

トウカイスミレ

東海菫　スミレ科

Viola tokaiensis

ヒメミヤマスミレによく似ていて、最近まで混同されていた。葉が花と同時に開き、花の側弁はほとんど無毛、花柱の先端が膨らまない。花弁は少し淡紫色を帯びる。ヒメミヤマスミレよりも標高の高い所に生えるが、花期が早い。

花期：4～5月　高さ：3～8cm
環境：落葉広葉樹林内
分布：高地に少

2012.5.8

2012.5.8

初夏の花

5月も後半になると、落葉広葉樹林内はすっかり暗くなり、林床に咲く花は少なくなる。雨が多い季節であるが、晴れれば日差しは強く、林縁や草地にノアザミ、コウゾリナ、ホタルブクロなどが咲く。ここでは5月後半から6月の梅雨頃に咲く草本を紹介する。この季節に樹林内でひっそりと咲くラン科植物が多いので、春に咲くシュンランや秋に咲くアケボノシュスランなども含めて、初夏の花の後ろにまとめて取り上げた。

2020.5.25

フタリシズカ

二人静　センリョウ科

Chloranthus serratus

多年草。葉が展開してから2～3本の花序が伸び、花時には直立し、果時には下を向く。葉はヒトリシズカの夏葉と似ているが、本種では2～3対の葉がずれてつくことで区別する。

花期：5～6月
高さ：30～50cm
環境：樹林内
分布：全域に多

2006.5.24

ソクシンラン

束心蘭　キンコウカ科

Aletris spicata

多年草。根生葉は多数あり、線形で長さ10～30cm、幅3～7mm。花序は穂状、花被は長さ5～6mm、合着して壺形になる。神奈川RDBでは絶滅危惧ⅠA類。

花期：5～6月
高さ：30～50cm
環境：草地
分布：山麓～中標高地に稀

ハコネハナゼキショウ

箱根花石菖　チシマゼキショウ科

Tofieldia coccinea* var. *gracilis

別名チャボゼキショウ。葉の縁には微細な突起が密生。総状花序に白色花をつける。丹沢では玄倉川の渓谷に多産し、7～8月に開花するが、箱根のものは花が早く咲く。神奈川RDBでは絶滅危惧II類。

花期：5～6月
高さ：10～30cm
環境：岩場
分布：山麓～中標高地に稀

丹沢のハコネハナゼキショウ 2009.8.8

2020.6.8

コキンバイザサ

小金梅笹　キンバイザサ科

Hypoxis aurea

多年草。葉は線形で長さ5～30cm、幅2～6mm、長い毛が生える。花茎は長さ5～10cm、1～2個の黄色花をつける。外花被片の背面先端に毛がある。湯河原の南郷山に記録があり、神奈川RDBでは絶滅とされた。

花期：4～6月　高さ：5～10cm
環境：日当たりの良い草地
分布：静岡県側に稀

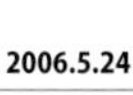

2006.5.24

2006.5.24

2001.6.4

ヒメシャガ

姫射干　アヤメ科
Iris gracilipes

多年草で地下茎は横にはう。葉は淡緑色で幅5～15mm。花は淡紫色で径約4cm、外花被片は倒卵形で中央は白色、紫色の脈と黄斑があり、3裂した花柱の先が重なる。神奈川RDBでは絶滅危惧ⅠB類。

花期：5～6月
高さ：15～30cm
環境：岩礫地
分布：高地に稀

2011.5.31

2012.7.6

ノハナショウブ

野花菖蒲　アヤメ科
Iris ensata* var. *spontanea

多年草。地下茎は横にはう。葉は幅5～10mmで太い中央脈が目立つ。花は径約10cmの紫色。外花被片は大きく先が垂れ、中央基部に黄色の筋があり、内花被片は小さくて直立。神奈川RDBでは絶滅危惧ⅠB類。

花期：6～7月
高さ：40～80cm
環境：湿地
分布：仙石原にやや多

2023.6.28

ハナミョウガ

花茗荷　ショウガ科

Alpinia japonica

多年草。葉は常緑、広披針形で長さ15～40cm、ミョウガの葉に似ているが、下面に軟毛が多いので区別は容易。花序は穂状。萼は白色筒状で先は紅色。唇弁は卵形で白色、紅色の筋がある。果実は径12～18mm、赤く熟す。

花期：5～6月
高さ：40～60cm
環境：湿った樹林内
分布：湯本周辺、小田原～湯河原に多

1996.6.12

サギスゲ

鷺菅　カヤツリグサ科

Eriophorum gracile

多年草。地下茎は横にはう。葉は基部の鞘に退化。茎頂に1～数個の小穂をつけ、小穂は多数の鱗片があり、その腋に花をつける。花被片は糸状で多数あり、花後に伸長して綿毛状となり目立つ。神奈川RDBでは絶滅危惧ⅠA類。

花期：4～5月　果期5～6月
高さ：30～50cm
環境：湿地
分布：仙石原に稀

花期の小穂　2022.4.25

2020.6.4

2020.5.29

コツブヌマハリイ

小粒沼針藺　カヤツリグサ科
Eleocharis parvinux

多年草。地下茎は横にはう。茎は幅1～2mm、葉は基部の鞘に退化。小穂は長さ1～1.5cm、多数の鱗片をつけ、鱗片の先は尖る。花被片は刺針状で6個、果実の2倍の長さ。国RDBでは絶滅危惧II類、神奈川RDBではIA類。

花期：5～6月　果期6～7月
高さ：30～60cm
環境：池畔の湿地
分布：お玉が池に多

小穂　2020.5.29

2020.6.4

オオヌマハリイ

大沼針藺　カヤツリグサ科
Eleocharis mamillata* var. *cyclocarpa

多年草。地下茎は横にはう。コツブヌマハリイに似るが、茎は太く幅2～5mm、軟らかく容易につぶれる。小穂は長さ1.5～2cm、多数の鱗片をつけ、鱗片の先は円い。神奈川RDBでは絶滅危惧IA類。

花期：5～6月　果期6～7月
高さ：30～60cm　環境：湿地
分布：仙石原とその周辺にやや少

小穂　2020.6.4

ハコネシロカネソウ

箱根白銀草　キンポウゲ科

Dichocarpum hakonense

多年草。葉の形はツルシロカネソウに似るが、小葉は縦と横の長さが同じ位で、先は尖らず、脈が目立たない。最初の花が終わると、その下の葉腋から枝を伸ばし、9月まで花を咲かせる。夏の花は春よりも小さい。国・神奈川ともにRDBは準絶滅危惧。

花期：4～9月
高さ：10～20cm
環境：湿った樹林内
分布：南側半分～日金山にやや少
【箱根（日金山）が基準産地】
【フォッサ・マグナ要素】

春型　2020.4.19

2005.7.11

ツルシロカネソウ

蔓白銀草　キンポウゲ科

Dichocarpum stoloniferum

別名シロカネソウ。多年草。地下茎は長く伸びる。小葉は縦が明らかに長く、先は尖り、脈が目立つ。根生葉は1個、茎葉は対生する。花は径1～1.5cm、萼片は白色で花弁状、花弁は黄色で小さい。丹沢には多産するが、箱根では産地が限られる。

花期：4～7月
高さ：10～20cm
環境：湿った樹林内
分布：明神ヶ岳にやや少

2020.5.25

2020.5.25

2021.6.21

2021.6.21

ミヤマカラマツ

深山唐松　キンポウゲ科
Thalictrum tuberiferum

多年草。根生葉は長い柄があり、2～3回3出複葉、小葉は楕円形で切れ込みがある。花は白色、萼片は早く落ち、花弁はなく、雄しべは多数あり、葯よりも幅広い花糸が目立つ。果実は扁平な痩果で3脈があり、明らかな柄がある。丹沢には多産するが、箱根では産地が限られる。

花期：6～7月
高さ：30～80cm
環境：湿った樹林内
分布：金時山にやや少

2014.7.22

ヤマオダマキ

山苧環　キンポウゲ科
Aquilegia buergeriana

多年草。花は両性で5数性、萼片は紫褐色の花弁状、花弁は先が黄色で基部は紫褐色の長く伸びた距になる。花の形を麻糸を巻いた「苧環（おだまき）」に見立てた。

花期：6～7月
高さ：30～50cm
環境：草地や林縁
分布：高地にやや少

2014.7.22

キツネノボタン

狐の牡丹　キンポウゲ科

Ranunculus silerifolius

多年草。茎は斜上する毛が生える。葉は3出複葉で、小葉はさらに中〜深裂する。花は黄色で径約1cm。集合果は球形で、痩果の先はカギ型に曲がる。山中に生えるものは低地の湿地に生えるものに比べて小型。

花期：5〜7月
高さ：20〜80cm
環境：沢筋の流水縁や湿った所
分布：全域に多

集合果
2020.8.11

2020.6.24

ウマノアシガタ

馬の脚形　キンポウゲ科

Ranunculus japonicus

別名キンポウゲ。多年草。根生葉は柄があり、葉身は3〜5中裂し、裂片はさらに切れ込む。茎の上部の葉は披針形。花は径約2cm、萼片と花弁があり、萼片は緑色を帯び、花弁は黄色で光沢がある。果実は球形の集合果、痩果の先は尖る。

花期：5〜6月
高さ：30〜60cm
環境：明るい草地
分布：全域に多

2011.5.31

1997.5.19

イワユキノシタ

岩雪の下　ユキノシタ科
Tanakaea radicans

常緑の多年草。匐枝を伸ばしその先に新苗をつける。葉は柄があり、卵形～長楕円形で長さ4～10cm。雌雄異株。花序は円錐状、花は小型で白色、雄花には萼片5個と10個の雄しべ、雌花には2個の子房がある。神奈川RDBでは絶滅危惧ⅠB類。

花期：5～6月　高さ：10～30cm
環境：湿った岩場　分布：南側半分に稀

2020.6.17
2020.6.17

アカショウマ

赤升麻　ユキノシタ科
Astilbe thunbergii* var. *thunbergii

多年草。葉は3回3出複葉、頂小葉は卵形～狭卵形で基部はくさび形で先は尾状に尖る。花序は最下側枝だけが分岐し、花は白色で線状さじ形の花弁がある。箱根では標高が高くなると、フジアカショウマ（94ページ）が多い。

花期：6月
高さ：50～90cm
環境：樹林内や林縁
分布：山麓から中標高地に多

ヘビイチゴ

蛇苺　バラ科

Potentilla hebiichigo

多年草。茎は地面をはい、3出複葉を互生し、黄色の5弁花をつける。花には狭3角形の萼片と葉状の副萼片がある。小葉の先が円く、鋸歯は重鋸歯になることが多く、イチゴ状果の痩果（小さい粒）にこぶ状の小突起がある。

花期：4～5月　果期：5～6月
高さ：3～10cm
環境：路傍や草地
分布：山麓～中標高地に多

2020.4.6

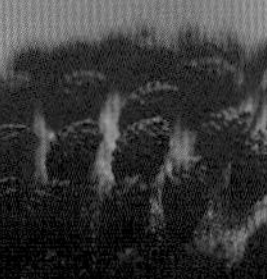
果実　2020.6.24

果実　2020.6.24

ヤブヘビイチゴ

藪蛇苺　バラ科

Potentilla indica

多年草。ヘビイチゴに似ているが、小葉が菱状楕円形で、鋸歯の多くは単鋸歯で、イチゴ状果の表面にある痩果は光沢があり，明らかなこぶ状突起がないことで区別する。

花期：4～5月　果期：5～6月
高さ：5～20cm
環境：明るい樹林内や路傍
分布：山麓～中標高地に多

2020.5.29

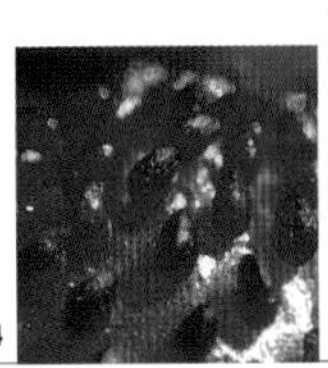

果実　2020.6.24

果実　2020.6.24

2022.5.23

ヒメヘビイチゴ

姫蛇苺　バラ科
Potentilla centigrana

多年草。茎は地面を長くはい、立った毛が生える。3出複葉を互生。小葉は長さ5～15mm、下面は白色を帯びる。黄色花は径6～8mm。果実は痩果。神奈川RDBでは絶滅危惧Ⅱ類。

花期：5～6月
高さ：3～10cm
環境：湿った樹林内
分布：仙石原や中央火口丘周辺に少

2020.5.29

オヘビイチゴ

雄蛇苺　バラ科
Potentilla anemonifolia

多年草。茎は地面を長くはい、上部は斜上。根生葉や下部の葉は掌状に5小葉があり、上方の葉は3小葉をつける。黄色花は径約1cm。果実は褐色の痩果。

花期：5～6月
高さ：20～40cm
環境：湿った草地
分布：山麓や中標高地に多

2021.6.21

イワキンバイ

岩金梅　バラ科
Potentilla dickinsii

多年草。地下茎は短く木質化し、匐枝は伸ばさない。葉はふつう3出複葉で、下面は粉白を帯び、伏毛が生える。枝先の集散花序に径約1cmの黄色花をつける。

花期：6～7月
高さ：5～20cm
環境：岩場
分布：高地に少

ウワバミソウ

蟒蛇草　イラクサ科

Elatostema involucratum

多年草。茎は肉質で、秋に節が膨らんで落ち、翌年の新苗になるが、この部分を山菜として食べる。左右不同の葉を2列に互生し、葉の鋸歯は6～11対ある。

花期：5～7月
高さ：20～40cm
環境：沢筋の湿った樹林内
分布：全域に多

2020.5.29

ヒメウワバミソウ

姫蟒蛇草　イラクサ科

Elatostema japonicum

多年草。ウワバミソウの発育の悪いものに見えるが、葉の鋸歯は5対以下。ウワバミソウと同様に雄花序には柄があり、雄花が脱落した後に柄のない雌花序が出る。

花期：5～7月
高さ：5～20cm
環境：湿った樹林内
分布：全域に多

2020.5.29

サワハコベ

沢繁縷　ナデシコ科

Stellaria diversiflora

多年草。茎ははい、先は斜めに立ち上がる。花弁は白色で萼片よりも少し短い。ミヤマハコベ（28ページ）に似るが、茎はほとんど無毛で葉の上面に伏毛が疎らに生える。

花期：5～7月
高さ：10～30cm
環境：湿った樹林内
分布：全域に多

2023.5.24

2020.5.5

エゾタチカタバミ

蝦夷立方喰　カタバミ科
Oxalis stricta

多年草。茎は分枝少なく、直立し、葉の上面には粗い毛があり、托葉は不明瞭。葉腋から長い柄を伸ばし、その先に径約8mmの黄色花を1～3個つける。種子には10～14本の畝がある。

花期：5～10月
高さ：10～40cm
環境：樹林内の路傍や草地
分布：全域に多

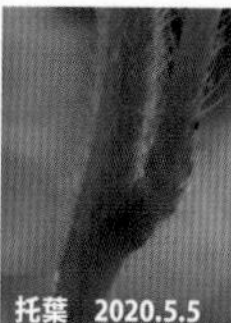
托葉　2020.5.5

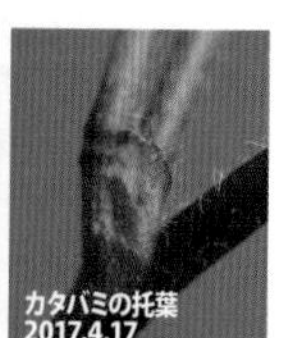
カタバミの托葉
2017.4.17

2021.4.30

ヒロハコンロンソウ

広葉崑崙草　アブラナ科
Cardamine appendiculata

多年草。葉は互生し、羽状複葉で葉柄の基部は耳状に茎を抱く。小葉は2～3対あり、先は鈍く、縁には鈍鋸歯がある。花は白色の十字花で、花弁は長さ7～9mm。

花期：5～6月
高さ：30～60cm
環境：渓流の流水縁
分布：中標高地に少

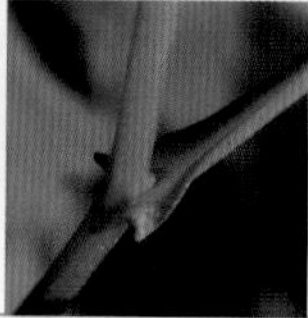
葉の基部　2021.4.30

ヤマハタザオ

山旗竿　アブラナ科

Arabis hirsuta* subsp. *nipponica

越年草。茎は直立して、単毛と分岐毛がある。根生葉はさじ形でロゼット状、茎葉は狭卵形で縁は波状、基部は茎を抱く。花は白色で、花弁は長さ3～6mm。果実は直立して茎に接する。

花期：5～6月
高さ：30～80cm
環境：草地や林縁
分布：山麓～中標高地に多

2020.5.25

2020.5.25

コナスビ

小茄子　サクラソウ科

Lysimachia japonica

多年草。茎は地をはい、全体に毛がある。葉は対生し、広卵形で長さ1～2.5cm。花は葉腋につけ、萼裂片は先が尖り、花冠は黄色で5裂する。標高の高い所のものは花柄が長い傾向がある。

花期：5～7月
高さ：3～10cm
環境：湿った路傍
分布：全域に多

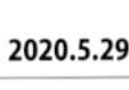

2020.5.29

2020.5.29

2019.6.17

ギンレイカ

銀鈴花　サクラソウ科

Lysimachia acroadenia

別名ミヤマタゴボウ。多年草。葉は互生し、狭卵形で薄く軟らかく、下面は赤褐色の細点があり、基部は翼のある柄に続く。花冠は白色で全開しない。

花期：6～7月
高さ：30～70cm
環境：湿った路傍や荒れ地
分布：山麓～中標高地に多

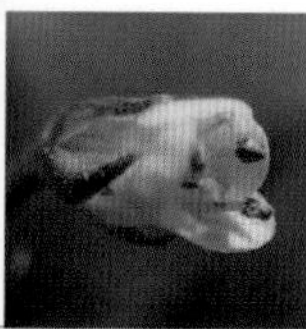
2019.6.17

2022.5.22

コケリンドウ

苔竜胆　リンドウ科

Gentiana squarrosa

越年草。根生葉はロゼット状で茎葉よりも大きく、枝は基部で分枝する。萼裂片の先は反り返り、花冠は淡青色。神奈川RDBでは絶滅危惧Ⅱ類。

花期：5～6月
高さ：3～10cm
環境：芝地や湿った荒れ地
分布：中標高地～高地にやや少

2020.6.8

フナバラソウ

舟腹草　キョウチクトウ科

Vincetoxicum atratum

多年草。茎は太く直立し、長さ6～10cmの長楕円形の葉を対生する。葉は両面に白色軟毛が密生する。茎の上部の葉腋に径12～15mmの濃紫褐色花をつける。神奈川RDBでは絶滅危惧ⅠB類。

花期：6月　高さ：40～80cm
環境：草地や林縁
分布：中標高地に稀

2020.6.4

オオキヌタソウ

大砧草　アカネ科

Rubia chinensis

多年草。茎は直立し、逆刺はない。葉は4輪生し、長さ1～2cmの柄があり、狭卵形で長さ6～10cm。花は緑白色で径3～4mm。神奈川RDBでは絶滅危惧ⅠB類。

花期：5～6月
高さ：30～60cm
環境：明るい樹林内や林縁
分布：中標高地～高地に稀

2015.5.22

キヌタソウ

砧草　アカネ科

Galium kinuta

多年草。茎は直立し無毛。葉は4輪生し、卵状披針形で長さ2～8cm、先はしだいに細くなり3脈が目立つ。花冠は白色で4裂。果実は球形の2分果で平滑。

花期：6～7月
高さ：20～40cm
環境：草地や乾いた樹林内
分布：中標高地～高地に少

2020.7.2

ミヤマムグラ

深山葎　アカネ科

Galium paradoxum* subsp. *franchetianum

多年草。茎は直立し無毛。葉は4輪生し、長さ4～12mmの柄があり、葉身は長さ2～8cm。花冠は径約2mm、白色で4裂する。

花期：6～7月
高さ：10～25cm
環境：草地や乾いた樹林内
分布：中標高地～高地に少

クルマムグラ

車葎　アカネ科

Galium japonicum

多年草。茎は直立し、逆刺はない。葉は6輪生、長さ1～3cmで葉身の中央がもっとも幅広く、乾くと黒く変色する。果実には鉤状の毛が密生する。

花期：5～6月
高さ：20～40cm
環境：樹林内
分布：中標高地～高地に多

オククルマムグラ

奥車葎　アカネ科

Galium trifloriforme

多年草。クルマムグラに似るが、茎の稜上に細かい刺毛が出ることがあり、葉身は先の方が幅広く、乾いても黒く変色しない。果実には鉤状の毛が密生する。

花期：5～6月
高さ：20～40cm
環境：樹林内
分布：中標高地～高地に多

キクムグラ

菊葎　アカネ科

Galium kikumugura

多年草。茎は匍匐または斜上し、葉は4輪生。葉身は長さ6～15mm、縁や中肋は無毛で先端が刺状に尖る。葉腋から長い柄を出し1～3花をつけ、その基部に苞葉がある。

花期：5～6月
高さ：20～40cm
環境：樹林内
分布：中標高地～高地に多

2022.5.25

ミズタビラコ

水田平子　ムラサキ科

Trigonotis brevipes

多年草。葉は互生し、楕円形で基部のものは柄があり、上部では無柄。花序には苞葉がなく、小花柄はきわめて短い。花冠は淡青紫色で径2.5～3mm。神奈川RDBでは絶滅危惧Ⅱ類。

花期：5～6月　高さ：10～40cm
環境：沢筋の流水縁
分布：中標高地に稀
【箱根が基準産地の一つ】

2007.5.28

クワガタソウ

鍬形草　オオバコ科

Veronica miqueliana

小型の多年草。茎は直立し、葉は対生。茎の上部に数花をつけ、花冠は白色または淡紅紫色で4深裂し、雄しべは2本。果実は偏平な3角状扇形。

花期：5～6月　高さ：10～20cm
環境：沢筋の湿った樹林内
分布：中標高地～高地に多
【箱根が基準産地の一つ】

2019.5.22

2007.5.28

ミゾホオズキ

溝酸漿　ハエドクソウ科

Mimulus nepalensis

多年草。全体に軟らかく無毛でみずみずしい。葉は対生し、卵形または楕円形で低鋸歯縁。葉腋に1花ずつつけ、花冠は黄色の漏斗状で、先は唇形に5裂する。

花期：6～7月
高さ：10～30cm
環境：沢筋の流水縁や水湿地
分布：山麓～中標高地に少

2016.5.1

コバノタツナミ

小葉の立浪　シソ科

Scutellaria indica* var. *parvifolia

多年草。タツナミソウの変種で全体に小型で毛が密に生え、茎は基部で地面をはい、葉の鋸歯は3～7対と少ない。

花期：5～6月
高さ：5～20cm
環境：法面の岩場や斜面
分布：山麓に多

2020.6.4

オカタツナミソウ

丘立浪草　シソ科

Scutellaria brachyspica

多年草。茎に下向きの曲がった毛が生え、葉は茎の上部のものがもっとも大きく、下面の腺点は目立つ。頂生の総状花序に短く密に花をつける。

花期：5～6月
高さ：20～50cm
環境：明るい樹林内や林縁
分布：山麓に少

ホタルブクロ

蛍袋　キキョウ科

Campanula punctata* var. *punctata

多年草。茎には粗毛が多く、茎葉は互生する。花冠は壺状で、長さ4～5cm、白色～淡赤紫色で内側に紫色の斑点がある。萼裂片の間に反り返る付属片がある。

花期：6～7月
高さ：40～80cm
環境：草地や林縁
分布：全域に多

ヤマホタルブクロ

山蛍袋　キキョウ科

Campanula punctata* var. *hondoensis

多年草。萼裂片の間に、3角形で反り返る付属片がないことでホタルブクロと区別できる。本変種は本州中部に分布が限られる。

花期：6～7月　高さ：40～80cm
環境：草地やガレ場など
分布：全域に多
【フォッサ・マグナ要素】

ノアザミ

野薊　キク科

Cirsium japonicum

多年草。花時に根生葉が残る。頭花は大きく、総苞片は直立し、腺体が発達して粘る。箱根で春から初夏に咲くアザミは本種のみ。

花期：5～8月
高さ：50～100cm
環境：草原や草地
分布：山麓～中標高地に多
【箱根が基準産地】

2011.9.13

コウゾリナ

顔剃菜　キク科

Picris hieracioides **subsp.** ***japonica***

越年草。初夏から長期にわたって開花し続ける。茎には赤褐色の剛毛が目立つ。総苞は長さ10～11mm、赤褐色の剛毛が生え、舌状花は黄色。

花期：5～9月
高さ：30～80cm
環境：草地や路傍
分布：全域に多
【箱根が基準産地】

2020.5.5

イワニガナ

岩苦菜　キク科

Ixeris stolonifera

別名ジシバリ。多年草。茎は長く横にはう。葉は長い柄があり、卵円形で長さ1～2cm、基部は円形。頭花は黄色で径2～2.5cm、総苞は花時に長さ8～10mm。

花期：4～6月
高さ：7～10cm
環境：草地や砂礫地
分布：山麓～中標高地に多

2020.4.25

ニガナ

苦菜　キク科

Ixeridium dentatum
subsp. ***dentatum***

多年草。根生葉は有柄でときに羽状に切れ込み、茎葉基部は茎を抱く。頭花には5～7個の舌状花がある。ハナニガナ subsp. *nipponicum* は全体に大型で舌状花が8～11個ある。

花期：5～7月　高さ：20～50cm
環境：草地や明るい落葉樹林内
分布：山麓～中標高地に多

サワギク

沢菊　キク科

Nemosenecio nikoensis

多年草。茎は中空で軟らかく折れやすい。葉は互生し、長さ4～15cmで羽状に分裂する。頭花は黄色で舌状花と筒状花からなる。

花期：6～8月
高さ：30～100cm
環境：樹林内や林縁
分布：中標高地に多

2015.6.10

オカオグルマ

丘小車　キク科

Tephroseris integrifolia
subsp. *kirilowii*

多年草。直立し、茎や葉にはくも毛が多い。花時に長さ6～10cmの根生葉がある。頭花は黄色で3～9個。神奈川RDBでは絶滅危惧ⅠB類。

花期：5～6月
高さ：20～70cm
環境：草地や芝地
分布：山麓～中標高地に稀

2019.5.23

イワセントウ

岩仙洞　セリ科

Pternopetalum tanakae

多年草。根生葉は1～2個あり、2回3出複葉。茎葉は1個で小さい。散形花序に総苞はなく、10数個の長柄を出し、その先に1～3個の小さな花をつける。神奈川RDBでは絶滅危惧Ⅱ類。

花期：5～6月　高さ：10～20cm
環境：湿った樹林内
分布：高地に稀

1994.6.5

ラン科植物

ラン科植物は種数が多いが、個体数は少ないものが多い。花の形態の面白さと希少さから、ファンが多く、ときに盗掘されることもあり、絶滅危惧種になっているものもある。萼片と花弁は３個ずつで、萼片はほぼ同形、側花弁２個はほぼ同形、中央の花弁は唇弁といい、複雑な形態と色彩に富み、ときに基部に距が発達する。樹幹に着生する種もある。根や根茎に菌類が共生しているが、ときに完全に葉緑素を失い、菌類に寄生するものがある。

2020.3.22

シュンラン

春蘭　ラン科

Cymbidium goeringii

常緑の多年草。根は太いひも状で放射状にのびる。葉は線形ですべて根生。花茎は直立し、白色膜質の鞘があり、淡黄緑色の花を１個つける。

花期：3 ～ 5 月
高さ：10 ～ 20cm
環境：明るい乾いた樹林内
分布：山麓～中標高地にやや少

2020.6.4

キンラン

金蘭　ラン科

Cephalanthera falcata

夏緑の多年草。葉は５～８個が互生し、長楕円状披針形で基部は茎を抱く。総状花序に黄色花をやや上向きに半開する。唇弁には５～７本の濃色の隆起線がある。神奈川 RDB では準絶滅危惧。

花期：4 ～ 5 月
高さ：20 ～ 70cm
環境：明るい樹林内
分布：山麓～中標高地にやや少

ヒメフタバラン

姫双葉蘭　ラン科

Neottia japonica

3角状卵形の葉を2枚対生状につけ、総状花序に淡緑褐色花を2～6個まばらにつける。萼片と側花弁は後方に反り返り、唇弁は先が深く2裂する。神奈川RDBでは絶滅危惧Ⅱ類。

花期：4～5月
高さ：5～30cm
環境：樹林内
分布：中標高地に稀

2006.4.28

2006.4.28

エビネ

海老根　ラン科

Calanthe discolor

常緑の多年草。茎の基部が肥大した偽球茎がじゅず状に連なる。葉は2～3個が根生し、5脈が目立つ。3萼片と2個の側花弁は同形、唇弁は扇形で3深裂する。神奈川RDBでは準絶滅危惧。

花期：4～5月
高さ：20～40cm
環境：やや湿った樹林内
分布：山麓～中標高にやや少

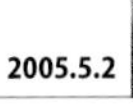

2005.5.2

2013.5.13

2020.5.25

クマガイソウ

熊谷草　ラン科

Cypripedium japonicum

夏緑の多年草。葉は扇形で2枚がほぼ対生する。花は茎頂に1個つけ、3萼片と側花弁は淡緑色で開き、唇弁は袋状で大きく、紅紫色の筋がある。神奈川RDBでは絶滅危惧Ⅱ類。

花期：4～5月
高さ：20～40cm
環境：林縁や樹林内
分布：山麓～中標高地に稀

2016.5.18

カヤラン

榧蘭　ラン科

Thrixspermum japonicum

常緑の多年草。葉は2列に互生、やや湾曲し革質で長さ3～6cm。花は葉腋の短い花序に2～4個つけ、黄緑色地に紅紫色の細かい斑紋がある。神奈川RDBでは準絶滅危惧。

花期：4～5月
長さ：3～10cm
環境：樹幹に着生
分布：山麓～中標高地にやや稀

2016.5.28

オノエラン

尾上蘭　ラン科

Galearis fauriei

多年草。葉は2個あり、楕円形で長さ5～10cm。花は白色で茎頂に数個つけ、唇弁基部にW字形の黄色斑紋がある。神奈川RDBでは絶滅危惧Ⅱ類。

花期：5～6月
高さ：8～15cm
環境：岩場
分布：高地に少

スズムシソウ

鈴虫草　スミレ科

Liparis suzumushi

夏緑の多年草。茎の基部は卵球形に肥大し、楕円形の葉を2個つける。3個の萼片は広線形、2個の側花弁は線形で下方に反り返り、唇弁は倒卵形で大きく、長さ12～18mm。神奈川RDBでは絶滅危惧ⅠB類。

花期：5～6月
高さ：10～30cm
環境：湿った樹林内
分布：中標高地に稀

2016.5.24

2016.5.24

サイハイラン

采配蘭　ラン科

Cremastra variabilis

多年草。茎の基部は球形に肥大し、葉は1個で3本の主脈が目立ち、秋に開き花後に枯れる。花茎は直立し、片側に偏って8～20花をつける。花は淡緑色～紅紫色でやや下向きに半開する。

花期：5～6月
高さ：30～50cm
環境：樹林内
分布：山麓にやや多

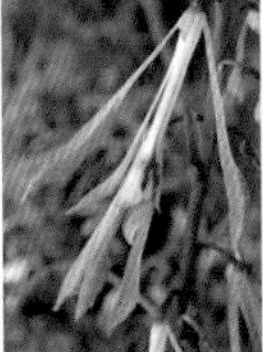
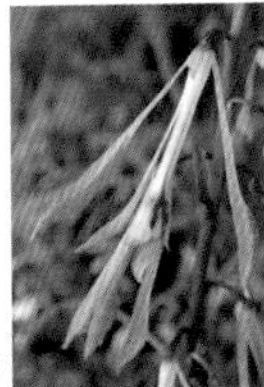

2020.6.4

2007.5.28

2015.6.5

ヒトツボクロ

一黒子　ラン科

Tipularia japonica

常緑の多年草。葉は長卵形で1個、上面は深緑色で中脈は白く、下面は紅紫色を帯びる。花茎は細く上部に淡黄緑色の花を疎らに5～10個つける。神奈川RDBでは絶滅危惧Ⅱ類。

花期：5～6月
高さ：20～30cm
環境：モミ林やスギ林
分布：中標高地に稀

2015.6.5

2020.6.4

ツレサギソウ

連鷺草　ラン科

Platanthera japonica

多年草。茎は直立し、数個の葉をつける。茎頂に穂状に多数の白色花をつける。唇弁は舌状に下垂し、長さ約15mm、基部に突起がある。神奈川RDBでは絶滅危惧ⅠB類。

花期：5～6月
高さ：30～50cm
環境：草地や明るい樹林内
分布：中標高地～高地に稀

2020.6.4

トキソウ

朱鷺草　ラン科

Pogonia japonica

多年草。茎の中間に披針形の葉を1個つけ、頂に苞葉があり、淡紅色花を1個つける。花は横向きに開き、唇弁に紅色の肉質突起が密生する。国 RDB では準絶滅危惧、神奈川 RDB では絶滅危惧ⅠA 類。

花期：5～6月　高さ：15～30cm
環境：湿地　分布：仙石原に稀

2022.6.3

ヤマトキソウ

山朱鷺草　ラン科

Pogonia minor

多年草。トキソウよりも小さく目立たない。茎の中間に狭披針形の葉を1個、先端に苞葉と淡紅色花を1個つける。花は上を向いたままで、先が少し開くのみ。神奈川 RDB では絶滅危惧ⅠA 類。

花期：5～6月　高さ：10～20cm
環境：丈の低い草地
分布：中標高地に稀

2023.6.6

セッコク

石斛　ラン科

Dendrobium moniliforme

常緑の多年草。茎は叢生し、葉は披針形で基部は葉鞘となって節間を包む。花は葉が落ちた茎の上部につき、白色ときに淡紅色を帯びる。神奈川 RDB では絶滅危惧ⅠB 類。

花期：5～6月
高さ：5～30cm
環境：樹幹に着生
分布：大雄山や箱根杉並木に少

2022.6.5

2021.6.26

カキラン

柿蘭　ラン科

Epipactis thunbergii

茎や葉は無毛。葉は数個がつき、しわ状の脈が目立つ。花は橙黄色で10数個をつけ、苞葉は花被よりも短い。唇弁は3裂し、中裂片は矢印状。神奈川RDBでは絶滅危惧II類。

花期：6～7月
高さ：30～70cm
環境：明るい湿地や湿った草地
分布：中標高地に少

2015.6.27

2021.6.21

クモキリソウ

蜘蛛切草　ラン科

Liparis kumokiri

夏緑の多年草。茎の基部は卵球茎に肥大して、長楕円形の葉を2個つけ、その縁は細かく波打つ。花は淡緑色、3個の萼片は広線形、2個の側花弁は線形、唇弁は長さ5～6mm、上半部は強く反り返る。

花期：6～8月
高さ：10～25cm
環境：明るい樹林内や林縁
分布：全域にやや少

2021.6.21

コクラン

黒蘭　ラン科

Liparis nervosa

常緑の多年草。茎の基部は2〜3節が円柱形に肥大し、広楕円形の葉を2〜3個つける。花は暗紅紫色、3個の萼片は狭長楕円形、2個の側花弁は線形、唇弁の上半部は強く反り返り、縁に微鋸歯がある。

花期：6〜7月
高さ：15〜30cm
環境：樹林内
分布：山麓にやや多

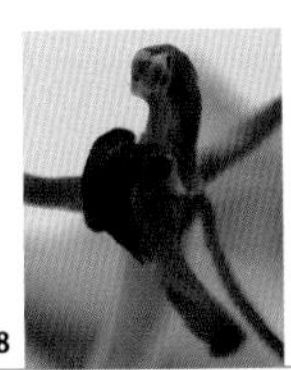

2019.7.8

2019.7.8

キソエビネ

木曽海老根　ラン科

Calanthe alpina

常緑の多年草。葉は3〜6個。花は数個〜10数個つけ、淡紅紫色でやや下向きに半開する。唇弁は淡黄色、縁は細裂し、距は長さ約2cm、後方にまっすぐに伸びる。国RDB、神奈川RDBともに絶滅危惧ⅠA類。

花期：6〜7月
高さ：15〜30cm
環境：落葉樹林内
分布：高地に稀

2006.7.4

2006.7.4

2020.7.2

ハコネラン

箱根蘭　ラン科
Ephippianthus sawadanus

葉は卵形から長楕円形で根際に1枚のみ。亜高山帯に多いコイチヨウラン *E. schmidtii* に似ているが、唇弁は全体に質薄く、中央部から基部にかけての縁に鋸歯がある。国RDBは絶滅危惧Ⅱ類、神奈川RDBでは絶滅危惧ⅠB類。

花期：6～7月　高さ：10～20cm
環境：落葉樹林内　分布：高地に稀
【箱根が基準産地】【フォッサ・マグナ要素】

2020.7.2

2019.7.11

ミズチドリ

水千鳥　ラン科
Platanthera hologlottis

下方の4～6個の葉は線状披針形で長さ10～20cm、上方の葉は小さく鱗片状。花は穂状に10～30個つき、白色で径約1cm、萼片、側花弁、唇弁は同質、唇弁の距は長さ10～12mm。神奈川RDBでは絶滅危惧ⅠB類。

花期：6～7月　高さ：50～70cm
環境：湿地　分布：仙石原に少

2019.7.11

トンボソウ

蜻蛉草　ラン科

Platanthera ussuriensis

夏緑の多年草。茎の下部に長楕円形の葉が2個ある。花は黄緑色、背萼片と側花弁はかぶと状になり、側萼片は長楕円形で横に張りだし、唇弁は舌状形で基部両側に小さな側裂片があり、距は長さ5〜10mm。

花期：7〜8月
高さ：20〜30cm
環境：湿った樹林内
分布：全域にやや多

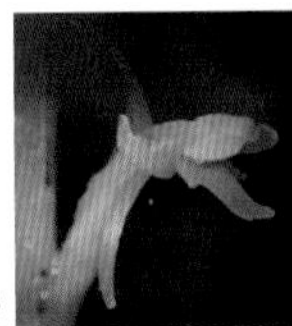

2020.8.3

2020.8.3

オオバノトンボソウ

大葉蜻蛉草　ラン科

Platanthera minor

別名ノヤマトンボ。夏緑の多年草。茎は著しい稜角があり、下方に2〜3個の葉がある。花は黄緑色、背萼片は広卵形で側花弁とともにかぶと状、側萼片は鎌状に上方に曲がり、唇弁は舌状で後方に曲がり、距は長さ12〜15mm。

花期：7〜8月
高さ：30〜60cm
環境：湿った樹林内
分布：山麓〜中標高地にやや少

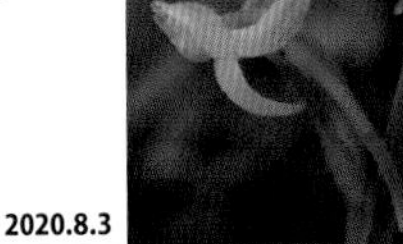

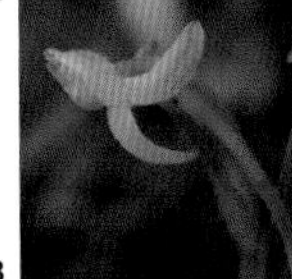

2020.8.3

2020.8.3

1999.8.4

ウチョウラン

羽蝶蘭　ラン科

Ponerorchis graminifolia

夏緑の多年草。葉は2～4個つき、線形～広線形で基部が茎を抱く。花は紅紫色で数個が一方を向いて咲き、唇弁は萼片よりも長く、深く3裂する。国RDBは絶滅危惧Ⅱ類、神奈川RDBでは絶滅危惧ⅠA類。

花期：7～8月　高さ：5～20cm
環境：岩場　分布：高地に稀

1999.8.4

アオフタバラン

青双葉蘭　ラン科

Neottia makinoana

夏緑の多年草。葉は茎の基部近くに2個対生状につけ、青緑色で淡色の筋がある。花茎は有毛、数個の鱗片葉がある。花は淡緑色、唇弁は倒卵状長楕円形で先は2裂する。神奈川RDBでは絶滅危惧ⅠB類。

花期：8月　高さ：10～20cm
環境：湿った樹林内
分布：中標高地に少

1999.8.4

ハクウンラン

白雲蘭　ラン科

Odontochilus nakaianus

常緑の多年草。全体に細毛があり、葉は互生し、卵円形で茎を抱く鞘がある。3個の萼片は基部が合着して筒状となり、唇弁の先は楕円状4角形で2裂する。神奈川RDBでは絶滅危惧ⅠB類。

花期：7～8月　高さ：3～13cm
環境：湿った樹林内
分布：中標高地に少

ミズトンボ

水蜻蛉　ラン科

Habenaria sagittifera

茎は3角柱状、下半部に線形の葉を数個つける。花は緑白色、唇弁は3裂して十字形、距は長さ約15mmで先が膨らむ。国RDBは絶滅危惧Ⅱ類、神奈川RDBでは絶滅危惧ⅠB類。

花期：8～9月
高さ：30～70cm
環境：湿地
分布：仙石原に少

2011.8.29

2011.8.29

ムカゴソウ

零余子草　ラン科

Herminium angustifolium

葉は2～5個で広線形。穂状に径約5mmの淡緑色花を密につける。萼片と側花弁はかぶと状で開かず、唇弁は3裂し、2個の側裂片が著しく長い。国RDBは絶滅危惧ⅠB類、神奈川RDBでは絶滅危惧ⅠA類。

花期：8～9月　高さ：20～50cm
環境：湿地
分布：中標高地に稀

花序　2014.9.24

2022.9.10

アケボノシュスラン

曙繻子蘭　ラン科

Goodyera foliosa* var. *laevis

常緑の多年草。茎は基部が地をはって立ち上がり、4～6個の葉を互生し、葉には3脈が目立つ。花は花序の片側に3～7個偏ってつけ、淡紅色～白色花を半開する。神奈川RDBでは絶滅危惧Ⅱ類。

花期：9～10月　高さ：5～10cm
環境：樹林内
分布：山麓～中標高地に少

1999.10.5

菌類寄生の植物（菌従属栄養植物）

ラン科のツチアケビやツツジ科のギンリョウソウなどは葉緑素を持たない植物で、菌類から栄養をもらって生活している。このような植物をかつては腐生植物と呼んでいた。しかし、菌類と共生関係にあるのではなく、菌類に一方的に寄生しているので、最近は菌従属栄養植物といわれる。生育に必要なものはすべて菌類から得ているため、不要な器官が退化し、花を咲かせ、種子を散布するとき以外は地上に姿を現すこともない。

1997.4.23

ユウシュンラン

祐舜蘭　ラン科

Cephalanthera subaphylla

葉は花序のすぐ下に１～２個の小型の葉をつける。まだ光合成能力を残しているが、菌類への依存が高い。花はギンランに似るが、唇弁基部の距は強く突き出る。国RDBは絶滅危惧Ⅱ類、神奈川RDBでは絶滅危惧IB類。

花期：4～5月
高さ：5～15cm
環境：明るい樹林内
分布：山麓～中標高地に稀

2015.9.20

マヤラン

摩耶蘭　ラン科

Cymbidium macrorhizon

菌従属栄養植物ではあるが、茎や果皮に葉緑体があり、多少は光合成を行っている。花は花茎の上部に疎らに2～5個つけ、乳白色で太い赤紫色の筋が入る。

花期：6～8月
高さ：10～30cm
環境：樹林内
分布：山麓に少

シロテンマ

白天麻　ラン科

Gastrodia elata* var. *pallens

茎は淡黄白色で数個の鱗片葉がある。花数は少なく穂状に5～12花をつける。萼片は側花弁と合着して壺状。オニノヤガラの変種として扱われてきたが、全体に小さく、花期が遅く、花の細部の形態にも違いがある。国RDBは絶滅危惧ⅠA類、神奈川RDBでは絶滅危惧ⅠB類。

花期：8月　高さ：15～35cm
環境：樹林内
分布：中標高地に稀

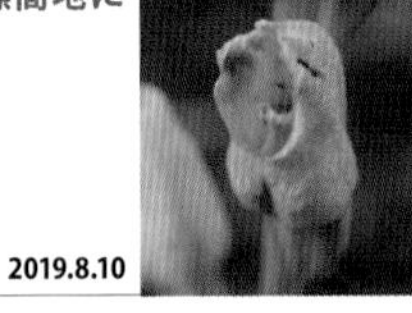

2019.8.10

2019.8.10

ツチアケビ

土木通　ラン科

Cyrtosia septentrionalis

ナラタケから栄養をもらっている。茎は枝分かれし、褐色の短毛があり、黄褐色の花を多数つける。萼片と側花弁はほぼ同形、唇弁は黄色、肉質で縁は細裂する。果実はウィンナーソーセージ状の液果で赤く熟す。

花期：6～7月
高さ：50～100cm
環境：樹林内
分布：全域にやや少

果実　2015.9.16

2020.6.27

2020.6.27

2020.6.8

ギンリョウソウ

銀竜草　ツツジ科
Monotropastrum humile

ベニタケなどから栄養をもらっている。植物体は白色で、茎には鱗片葉が互生する。花弁や萼裂片は縁に鋸歯がなく、果期に残る。果実は卵球形の液果で裂開しない。

花期：4～7月
高さ：10～20cm
環境：樹林内
分布：全域にやや多

2009.9.21

ギンリョウソウモドキ

銀竜草擬　ツツジ科
Monotropa uniflora

別名アキノギンリョウソウ。ギンリョウソウに似るが、秋に開花し、萼片や花弁の縁に不規則な鋸歯があり、果実はさく果。写真は手前の花弁が落ち、雄しべが見えている。

花期：9～10月
高さ：10～30cm
環境：樹林内
分布：山麓～中標高地に稀

2022.9.22

ヒナノシャクジョウ

雛の錫杖　ヒナノシャクジョウ科
Burmannia championii

全体に白色。茎頂に頭状に2～10花をつける。外花被片3個は合着して筒状、長さ6～10mm、先が3裂して少し開く。神奈川RDBでは絶滅とされている。

花期：8～10月
高さ：2～4cm
環境：樹林内
分布：日金山（静岡県）に稀

寄生植物

ミヤマツチトリモチやヤマウツボなども緑葉を持たないが、これらは他の植物から栄養をもらって生活している寄生植物である。

ヤマウツボ

山靭　ハマウツボ科
Lathraea japonica

多くの樹種の根に寄生。地下茎は分枝し鱗片葉に密に包まれ、地上に肉質の花茎を直立し、総状花序に多数の花を密生する。上唇は下唇より長く、雄しべは花冠の外に突き出る。

花期：4～7月　高さ：10～30cm
環境：樹林内　分布：中標高地に稀

ミヤマツチトリモチ

深山土鳥黐　ツチトリモチ科
Balanophora nipponica

様々な落葉樹の根に寄生する。茎には鱗片葉がつく。花穂は卵形または楕円形で長さ3～4cm、橙赤色または橙黄色。国RDBは絶滅危惧Ⅱ類、神奈川RDBでは絶滅危惧ⅠB類。

花期：7～8月　高さ：10～15cm
環境：樹林内　分布：高地に稀

オオナンバンギセル

大南蛮煙管　ハマウツボ科
Aeginetia sinensis

1年草。カヤツリグサ科スゲ属やイネ科植物に寄生することが多い。萼裂片の先はやや鈍く、筒状の花冠裂片の縁に細歯牙がある（山麓に分布するナンバンギセルには細歯牙がない）。

花期：7～9月　高さ：15～30cm
環境：草地や林縁
分布：中標高地～高地にやや少

夏の花

ここでは7月中に咲き始め、8月中に花の最盛期が過ぎる草本を紹介する。樹林内は暗く花の種類は少ないが、湿った岩場にイワタバコが咲き、林縁や草地にはヤマユリ、フジアカショウマ、シモツケソウ、シシウドなどが咲く。夏至を過ぎるまでは、山麓から山上に向かって季節が進んできたが、その後は山の上から秋がやってくる。お盆を過ぎる頃には秋の草花が咲き始める。

2015.7.25

オトメアオイ

乙女葵　ウマノスズクサ科

Asarum savatieri

常緑の多年草。葉はやや小型の卵円形で基部が耳状に張り出すことはない。花は夏に咲き、花の形のまま冬を越して5月頃に種子が成熟する。箱根峠～日金山方面を除くと、箱根のカンアオイ類は本種と考えて良い。

花期：7～8月
高さ：5～15cm
環境：樹林内
分布：全域に多
【箱根が基準産地】
【フォッサ・マグナ要素】

2016.7.23

ノギラン

芒蘭　キンコウカ科

Metanarthecium luteoviride

多年草。根生葉は倒披針形で長さ8～15cm。長さ10～30cmの花茎を伸ばし、淡黄褐色の花を多数つける。花被片6個はほぼ離生し、長さ約6mm、雄しべ6個は花被片より少し短い。

花期：7～8月
高さ：10～30cm
環境：樹林内
分布：全域にやや少

オオバイケイソウ

大梅蕙草　シュロソウ科
Veratrum oxysepalum* var. *maximum

葉は広楕円形で長さ15～30cm、下面に毛状突起がある。丹沢や箱根のものは花被片が長さ15～20mmあり、花期が遅いので、細分するとオオバイケイソウとなる（バイケイソウ var. *oxysepalum* は花被片が長さ6～15mm）。ニホンジカが食べないため、増加傾向にある。

花期：7月　高さ：60～150cm
環境：草地や湿った樹林内
分布：高地にやや多
【箱根が基準産地】

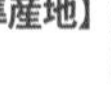

2021.6.9

2021.7.19

ホソバシュロソウ

細葉棕櫚草　シュロソウ科
Veratrum maackii* var. *maackioides

多年草。箱根のものは葉が広線形で幅3cm以下、花被片は黄緑色から緑褐色のものが多い。葉が細い点ではホソバシュロソウに、花被片の色からはアオヤギソウに近い。『神奈川県植物誌2018』に従いホソバシュロソウとしたが、すっきりとはしない。

花期：7～8月
高さ：30～60cm
環境：草地や林縁
分布：高地にやや少

2020.8.3

2002.8.5

ウバユリ

姥百合　ユリ科

Cardiocrinum cordatum

多年草で地下に鱗茎がある。葉は卵心形で網状脈があり、ときに上面の脈が褐色を帯びる。茎頂に1～8個の花を横向きにつけ、花被片は緑白色で全開しない。

花期：7～8月
高さ：50～100cm
環境：湿った樹林内
分布：全域に多

2020.8.3

ヤマユリ

山百合　ユリ科

Lilium auratum

多年草で地下に鱗茎がある。葉は互生し、広披針形で顕著な3脈がある。6個の花被片は同形で、萼と花弁の区別がなく、白色で内面に赤褐色の斑点がある。

花期：7～8月
高さ：1～1.5m
環境：草地や林縁
分布：山麓～中標高地に多

2020.8.8

コオニユリ

小鬼百合　ユリ科

Lilium leichtlinii

多年草で地下に鱗茎がある。葉は線形で、葉腋にオニユリのようなむかごはつけない。花は橙赤色で濃色の斑点がある。自然草地の植物で最近は減少が著しい。

花期：7～8月
高さ：1～2m
環境：草地
分布：中標高地にやや稀

ヒオウギ

檜扇　アヤメ科

Iris domestica

多年草。葉は扇状に2列に互生し粉白を帯びる。花は橙色で赤色の斑点がある。種子は径5mmの球形で黒く光沢があり、果実が裂けても中軸に残る。神奈川RDBでは絶滅危惧II類。

花期：7～8月
高さ：60～100cm
環境：草地
分布：中標高地に稀

1996.8.12

ノカンゾウ

野萱草　ワスレグサ科

Hemerocallis fulva* var. *disticha

APG分類体系で旧ユリ科から移されたが、科の和名にはススキノキ科やツルボラン科が使われることもある。花は橙赤色の6弁花をつけることでヤブカンゾウと区別する。

花期：7～8月
高さ：50～100cm
環境：土手や林縁の草地
分布：山麓に少

2011.9.13

ヒメヤブラン

姫藪蘭
クサスギカズラ科（キジカクシ科）

Liriope minor

常緑の多年草。葉は幅1.5～3mmで縁は平滑。花序は花数が少なく、淡紫色の花を上向きに開き、雄しべには明らかな花糸がある。種子は紫黒色に熟す。

花期：6～8月　高さ：5～15cm
環境：草地
分布：全域に多

20206.27

20207.20

オオバギボウシ

大葉擬宝珠
クサスギカズラ科（キジカクシ科）
Hosta sieboldiana

多年草。葉身は広卵形で基部は心形、片側に9～12脈があり、下面脈上に小突起がある。苞は緑白色で開花時に直角に開出する。花は淡紫色。

花期：6～8月
高さ：50～120cm
環境：草地や林縁
分布：全域に多

2020.8.8

コバギボウシ

小葉擬宝珠
クサスギカズラ科（キジカクシ科）
Hosta sieboldii

多年草。葉身は狭卵形または楕円形、基部はしだいに狭くなって葉柄に流れ、片側に3～6脈があり、下面脈上は平滑。苞は緑色。花は淡紫色から紫色で、内側に濃紫色の筋がある。

花期：7～8月　高さ：40～50cm
環境：草原や草地
分布：全域にやや多

2020.9.14

イワギボウシ

岩擬宝珠
クサスギカズラ科（キジカクシ科）
Hosta longipes

多年草。葉身は広卵形、片側に5～8脈があり、下面脈上は平滑。葉柄には紫褐色の斑点がある。苞は淡紫色で長さ7～12mm、開花時にはしおれる。

花期：8～9月　高さ：20～30cm
環境：岩場や樹幹
分布：中標高地～高地に稀
【箱根が基準産地】

ヒロハノコウガイゼキショウ

広葉笄石菖　イグサ科

Juncus diastrophanthus

多年草。葉は扁平で内部に複数の管があり、あみだくじ状に隔壁がある（多管質という）。さく果は先が尖り花被片より明らかに長い。多管質の葉を持つものは、箱根では本種のほかコウガイゼキショウが山麓の水田周辺にある。

花期：7～10月　高さ：10～40cm
環境：湿地
分布：山麓～中標高地にやや少

葉　2019.8.10

果実　2019.8.10

2019.8.10

ハリコウガイゼキショウ

針笄石菖　イグサ科

Juncus wallichianus

多年草。葉は円筒状で竹のように隔壁がある（単管質という）。雄しべは3本で花被片の半長。頭花は6～12花があり、ときに無性芽を出す。単管質の葉を持つものは、箱根では本種のほかアオコウガイゼキショウがあり、頭花は2～6花と少ない。

花期：8～10月　高さ：10～50cm
環境：湿地
分布：山麓～中標高地にやや少

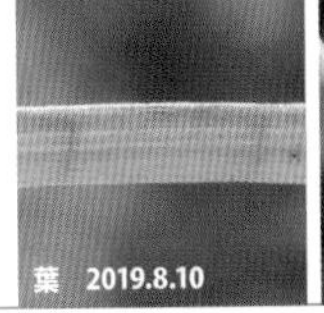
葉　2019.8.10

果実　2019.8.10

2019.8.10

2023.8.16　果実　2019.8.10

コイヌノハナヒゲ

小犬の鼻鬚　カヤツリグサ科
Rhynchospora fujiiana

多年草。葉は繊細で幅約1mm。小穂は淡褐色で数個の鱗片からなる。果実は長さ約2mm、6個の刺針状花被片があり、先端は円錐状に花柱基部が残る。神奈川RDBでは絶滅危惧ⅠA類。

花期：7～10月　高さ：30～60cm
環境：湿原
分布：中標高地に稀

2019.8.10　果実　2019.8.10

コシンジュガヤ

小真珠茅　カヤツリグサ科
Scleria parvula

1年草。小穂は少数の鱗片からなり、1花のみが結実する。果実は球形で径2～1.5mm、白色で光沢があり、格子紋がある。神奈川RDBでは絶滅危惧ⅠB類。

花期：8～10月
高さ：30～60cm
環境：湿原
分布：仙石原とその周辺に稀

2021.6.26　穂　2021.6.26

チゴザサ

稚児笹　イネ科
Isachne globosa

多年草。花序は円錐状。小穂は倒卵形で長さ2～2.2mm、開花期には紫色の柱頭が目立つ。小穂の柄に淡黄色の腺がある。

花期：6～8月
高さ：30～60cm
環境：湿地
分布：山麓～中標高地に多

ヒトツバショウマ

一葉升麻　ユキノシタ科
Astilbe simplicifolia

多年草。日本産の他のチダケサシ属はいずれも複葉を持つのに対して、本種は単葉をもち容易に区別できる。葉は卵形または長卵形で基部は心形、長さ4～8cm、縁には粗い重鋸歯がある。

花期：7～8月
高さ：10～30cm
環境：湿った岩場
分布：丹沢には多産するが、箱根では金時山周辺のみ、少【フォッサ・マグナ要素】

2020.8.3

チダケサシ

乳茸刺　ユキノシタ科
Astilbe microphylla

多年草。葉は互生し、3回3出複葉または羽状複葉で、小葉の縁には粗い鋸歯があり、小葉の先は尾状に伸びない。花序は枝の短い複総状花序で、アカショウマ（56ページ）に比べて縦に長く、花は淡紅色を帯びる。

花期：6～8月
高さ：40～90cm
環境：湿った草地
分布：山麓～中標高地に多

葉　2021.7.13

2021.7.13

2021.7.19

フジアカショウマ

富士赤升麻　ユキノシタ科
Astilbe fujisanensis

アカショウマ（56ページ）に比べて、全体に小型で、葉は光沢があり、小葉の先は尾状に長く尖らず、縁に欠刻状の鋸歯があり、総状花序の下方の枝が長く伸びず、花弁が短いことなどが異なる。

花期：6～8月　高さ：15～60cm
環境：風衝草地や岩場、林縁
分布：中標高地～高地に多
【フォッサ・マグナ要素】

葉　2020.7.20

2020.6.24

2020.7.20

ヤマブキショウマ

山吹升麻　バラ科
Aruncus dioicus
var. *kamtschaticus*

多年草。全形がユキノシタ科のアカショウマ（56ページ）に似ているが、葉の側脈は平行に走り、縁の鋸歯に達する。本種はバラ科で雌雄異株、雄花の雄しべは20本、雌花の心皮は3個ある。

花期：7～8月　高さ：15～60cm
環境：風衝草地や岩場、林縁
分布：金時山周辺と神山周辺に多

雄花　2020.7.20

雌花　2020.7.20

シモツケソウ

下野草　バラ科

Filipendula multijuga

多年草。葉は下部のものは頂小葉が著しく大きい羽状複葉で、頂小葉は掌状に5裂する。円錐状または散房状の花序に紅色の小さい花を多数つける。花弁は4～5個、雄しべは多数で花弁よりも長い。

花期：7～9月
高さ：15～40cm
環境：風衝草地や林縁
分布：高地に多
【箱根が基準産地】

2020.8.3

ミツモトソウ

水元草　バラ科

Potentilla cryptotaeniae

多年草。茎は立ち上がり、上部で枝を分け、全体に毛が多い。花期に根生葉はなく、茎葉は柄の短い3出複葉で、小葉は狭卵形で先が尖る。花は黄色で径1.5～2cm。神奈川RDBでは絶滅危惧Ⅱ類。

花期：7～9月
高さ：30～80cm
環境：草地や林縁
分布：北部～西部の中標高地に少

2020.7.22

2020.8.1

ダイコンソウ

大根草　バラ科

Geum japonicum

多年草。根生葉は羽状複葉でダイコンの葉の雰囲気がある。花は黄色で径12～18mm、のちに花床が盛り上がり球形の集合果となる。各痩果の先（花柱）はかぎ状に曲がり、衣服や動物について散布される。

花期：7～9月
高さ：30～60cm
環境：林縁や明るい樹林内
分布：全域に多

2020.8.1

2019.7.11

オオダイコンソウ

大大根草　バラ科

Geum aleppicum

多年草。根生葉は頂小葉が大きい羽状複葉、茎葉は3出複葉で小葉の先は尖る。花は黄色で径約20mm。ダイコンソウに似るが、花柄に開出する長毛が生え、痩果の花柱に腺毛がない。神奈川RDBでは絶滅危惧Ⅱ類。

花期：7～9月　高さ：40～80cm
環境：明るい草地
分布：中標高地に稀

2019.7.11

ミヤコグサ

都草　マメ科

Lotus corniculatus* subsp. *japonicus

多年草。全体に無毛。茎の基部は地面をはい、先が立ち上がる。葉は5小葉からなり、基部の2個は托葉状につき、先の3個は軸の先に掌状につく。葉腋から長い柄を伸ばし、黄色花を1～3個つける。花期は長く、春から秋まで咲いている。

花期：5～9月
高さ：30～50cm
環境：明るい草地
分布：山麓～中標高地にやや少

2023.6.10

コマツナギ

駒繋　マメ科

Indigofera pseudotinctoria

草本状の落葉小低木。茎は横に伸びる。葉は奇数羽状複葉で小葉は長さ約2cm、両面にT字状毛が生える。葉腋の総状花序に紅紫色花を多数つける。豆果は円柱形で長さ約3cm。キダチコマツナギ*I. bungeana*は高さ2mになる低木で、花の形態はほとんど変わらない。中国原産で法面緑化に使われ、林道沿いに逸出帰化している。

花期：7～9月
高さ：10～30cm
環境：路傍や草地
分布：山麓～中標高地に多

2021.7.20

ムカゴイラクサ

零余子刺草／珠芽刺草　イラクサ科
Laportea bulbifera

多年草。刺毛があり、触れると痛い。葉は互生し、卵状楕円形で鋸歯縁。葉腋にむかごをつける。雌花序は円錐状で上方の葉腋につき、雄花序は下方の葉腋につく。

花期：8～9月
高さ：30～60cm
環境：沢筋の湿った樹林内
分布：全域に多い

若い果実　2021.9.21

キカラスウリ

黄烏瓜　ウリ科
Trichosanthes kirilowii
var. *japonica*

つる性の多年草。巻きひげは2～5分岐し、成葉は両面無毛。カラスウリよりも早く開花し、朝は遅くまで開いている。果実はほぼ球形で黄色に熟し、種子に隆起した帯はない。根から製した白いでんぷんを天瓜粉（てんかふん）といい、子供のあせもの防止に用いられた。

花期：7～9月
高さ：亜高木に登る
環境：林縁
分布：山麓～中標高地に多

ミズオトギリ

水弟切　オトギリソウ科

Triadenum japonicum

多年草。茎は直立してあまり分枝しない。葉は対生し、長楕円形で長さ2～6cm、基部は半ば茎を抱き、全面に明点がある。茎頂や上部の葉腋につく短い花序に1～5花をつける。花は径約1cm、花弁は淡紅色。さく果は長さ7～10mm。神奈川RDBでは絶滅危惧ⅠB類。

花期：8～9月
高さ：15～100cm
環境：湿原
分布：仙石原に多

2022.9.10

2020.10.21

トモエソウ

巴草　オトギリソウ科

Hypericum ascyron

多年草。茎は直立し4稜がある。葉は対生し、披針形で基部が茎を抱く。花は径4～6cmの5弁花で、黄色の花弁はよじれて巴形になる。雄しべは多数で5束にまとまり、花柱は5個。果実は円錐形のさく果。

花期：7～9月
高さ：50～100cm
環境：草原や草地
分布：山麓～中標高地に少

2022.7.9

2005.7.17

オトギリソウ

弟切草　オトギリソウ科
Hypericum erectum

多年草。茎は単立することが多い。葉は対生し、卵形〜披針形で基部は茎を抱き、透かすと黒点のみがあり、辺縁の黒点は密に連続する。花は径1.5〜2cmの5弁花で、雄しべは多数が3束にまとまり、花柱は3個。

花期：7〜9月　高さ：30〜60cm
環境：草地や林縁
分布：山麓〜中標高地に多

2020.8.3

2009.7.27

ハコネオトギリ

箱根弟切　オトギリソウ科
Hypericum hakonense

別名コオトギリ。多年草。茎は叢生する。葉は狭披針形〜狭長楕円形で長さ1〜3cm、幅2〜6mm、基部は円形〜くさび形、縁に黒点、内側に明点があり、黒点または赤点が混じる。花は径1〜1.5cm。

花期：7〜9月　高さ：10〜30cm
環境：岩場や岩礫地
分布：中標高地〜高地にやや多
【箱根が基準産地】【フォッサ・マグナ要素】

黒点と明点
2020.8.24

ナガサキオトギリ

長崎弟切　オトギリソウ科
Hypericum kiusianum* var. *kiusianum

多年草。茎は叢生し、倒れて先が立ち上がる。葉は倒披針形で長さ15～20mm、中央よりも先の方が幅広く、先は円形、基部はくさび形、縁に黒点、内側に明点のみがある。花は径8～10mm。

花期：7～9月　高さ：10～30cm
環境：湿った草地や明るい樹林内
分布：南側半分の中標高地にやや少

明点　2020.7.22

2020.8.17

2020.8.17

コケオトギリ

苔弟切　オトギリソウ科
Hypericum laxum

1年草。茎は4稜があり、上部で分枝しながら、直立ときに斜上する。葉は卵状楕円形で長さ4～7mm、先は鈍形～円形、基部は少し茎を抱き、内側に微細な明点がある。苞は葉状で楕円形。花は径4～5mm。

花期：7～9月
高さ：5～20cm
環境：湿った草地
分布：山麓～中標高地に多

2020.8.8

2021.9.25

タカトウダイ

高灯台　トウダイグサ科

Euphorbia lasiocaula

多年草。切ると白色乳液を出す。下部の葉は互生し、花序の直下の葉は輪生し、葉の縁には微細な鋸歯がある。苞葉は花期にも緑色で杯状花序の腺体は楕円形で緑褐色〜橙色、果実の表面にはこぶ状の突起がある。

花期：7〜9月　高さ：30〜80cm
環境：草地や林縁
分布：山麓〜中標高地に多

花序　2021.9.25

2020.9.21

ミズタマソウ

水玉草　アカバナ科

Circaea mollis

多年草。茎は下向きの細毛が生え、節は赤色を帯びる。葉は対生し、卵状長楕円形で基部は円形〜くさび形。花は2数性で、花弁は白色で先は2裂。果実は広倒卵形で4本の縦溝があり、かぎ状毛を密生する。

花期：7〜9月　高さ：25〜60cm
環境：湿った樹林内や林縁
分布：山麓〜中標高地に多

2020.9.21

タニタデ

谷蓼　アカバナ科

Circaea erubescens

多年草。細長い地下茎を引く。茎はほぼ無毛で節は紅色を帯びる。葉は有柄で対生し、卵形で基部は切形、縁に浅い鋸歯がある。萼片、花弁、雄しべはともに２個。果実は倒卵形でかぎ状の毛が密生する。

花期：7～9月
高さ：10～60cm
環境：湿った樹林内
分布：中標高地に多

2020.8.3

2020.8.3

ミヤマタニタデ

深山谷蓼　アカバナ科

Circaea alpina

多年草。細長い地下茎を引き、先端に越冬芽をつける。葉は長さ１～2cmの柄があり、葉身は３角状広卵形で基部は心形、縁には鋭い鋸歯がある。果実はこん棒状で長さ約2mm、１室で１種子を入れる。

花期：7～9月
高さ：5～15cm
環境：湿った樹林内
分布：神山や駒ヶ岳に稀

2002.8.5

2022.8.27

2020.8.3

マツカゼソウ

松風草　ミカン科

Boenninghausenia albiflora* var. *japonica

多年草。全体に無毛。葉は2～3回3出複葉で粉緑色、透かして見ると油点があり強い臭いがある。花弁は白色で4個。果実は4分果に分かれる。

花期：8～10月　高さ：50～80cm
環境：草地や明るい樹林内
分布：山麓～中標高地に多

2020.722

ミヤマタニソバ

深山谷蕎麦　タデ科

Persicaria debilis

1年草。茎は直立し下向きの刺がある。葉は3角形で基部は平で横に張り出し、先端は尾状に伸び、八の字形に暗色の斑紋がある。

花期：7～8月
高さ：15～50cm
環境：湿った樹林内
分布：中標高地～高地に多

2020.8.3

タニソバ

谷蕎麦　タデ科

Persicaria nepalensis

1年草。葉は卵状3角形で、下部のものは柄に広い翼があり基部は茎を抱き、下面には腺点がある。花被は白色～淡紅色でほとんど開かない。

花期：7～10月
高さ：10～40cm
環境：湿った草地
分布：全域に多

モウセンゴケ

毛氈苔　モウセンゴケ科
Drosera rotundifolia

多年草。食虫植物。葉は根生しロゼット状、長さ2～8cmの柄があり、葉身は倒卵形で長さ5～10mm、紅紫色の腺毛が密生する。神奈川RDBでは絶滅危惧ⅠB類。

花期：7～8月
高さ：6～20cm
環境：湿原
分布：仙石原に稀

2021.7.20

カワラナデシコ

河原撫子　ナデシコ科
Dianthus superbus* var. *longicalycinus

葉は対生し、線形～披針形で粉白を帯び、基部は茎を抱く。萼は長さ3～4cmの円柱状。花弁は淡紅色で先は細かく深く裂ける。

花期：7～9月
高さ：30～80cm
環境：草地や林縁
分布：山麓～中標高地に少

2020.8.8

ハコネクサアジサイ

箱根草紫陽花　アジサイ科
Hydrangea alternifolia* var. *hakonensis

葉は互生または対生、披針形で縁には鋭鋸歯が片側7～20個ある。花は白色で雄しべが淡紅色を帯びる。クサアジサイの狭葉型で箱根～伊豆半島に分布。

花期：7～9月　高さ：10～40cm
環境：草地や林縁　分布：山麓～中標高地にやや少　【箱根が基準産地】【フォッサ・マグナ要素】

2020.8.1

クサレダマ

草蓮玉　サクラソウ科
Lysimachia vulgaris* subsp. *davurica

多年草。茎は直立し、葉は3個を輪生し、葉身は披針形で長さ3～10cm、下面葉肉内に腺点がある。頂生の円錐花序に黄色花を多数つける。神奈川RDBでは絶滅危惧Ⅱ類。

花期：7～8月　高さ：30～90cm
環境：湿原や湿った草地
分布：中標高地にやや少

ヌマトラノオ

沼虎の尾　サクラソウ科
Lysimachia fortunei

オカトラノオに似るが、全体に無毛で総状花序が直立する。葉は披針形～長楕円形で、先は短く尖る。花冠は白色で径5～7mm。神奈川RDBでは絶滅危惧Ⅱ類。

花期：7～9月
高さ：40～70cm
環境：湿原や湿った草地
分布：中標高地にやや少

オカトラノオ

丘虎の尾　サクラソウ科
Lysimachia clethroides

多年草。茎は縮れた毛が生え、葉は長楕円形で先は長く尖る。総状花序は一方に傾き、長さ10～30cm、径8～12mmの白色花を多数つける。

花期：6～7月
高さ：50～100cm
環境：草原や草地
分布：山麓～中標高地に多

ウスユキムグラ

薄雪葎　アカネ科

Galium shikokianum

多年草。茎は直立し、無毛、各節に葉を4～5個輪生する。葉は長楕円形で、長6～15mm、幅3～8mm、縁と下面脈上にのみ短毛がある。花冠は白色、鐘形で径2～2.5mm、先は3～4裂。果実（子房）は平滑。神奈川RDBでは絶滅危惧ⅠB類。

花期：7～8月
高さ：20～30cm
環境：草地や林縁
分布：高地に少

2021.8.4

2011.8.3

ホソバノヨツバムグラ

細葉四葉葎　アカネ科

Galium trifidum
subsp. *columbianum*

多年草。茎は斜上し、逆刺が疎らに生える。葉は4～6個が輪生し、倒披針形で長さ5～10mm、幅1.5～5mm、先は鈍頭～円頭、縁と中肋に逆向きの刺毛がある。花は白色で径約1mm、先は3～4裂する。果実は平滑。神奈川RDBでは絶滅危惧Ⅱ類。

花期：6～8月
高さ：20～50cm
環境：湿原
分布：中標高地にやや少

2020.6.27

2020.6.27

カワラマツバ

河原松葉　アカネ科

Galium verum
subsp. *asiaticum* var. *asiaticum*

多年草。茎は直立して上部で分枝し、葉とともに軟毛が生える。葉は線形で長さ2～3cm、6～10個が輪生する。花は白色で径約2mm。

花期：6～9月
高さ：30～80cm
環境：草原
分布：中標高地にやや少

シロバナイナモリソウ

白花稲森草　アカネ科

Pseudopyxis heterophylla

茎には2列の軟毛が生える。葉は4～6対が対生し、長さ2～6cm、幅1～1.5cm。萼は鐘形で先は5裂、花冠は漏斗型で白色、長さ約1cm。

花期：6～8月
高さ：10～30cm
環境：湿った樹林内
分布：中標高地に多

スズサイコ

鈴柴胡　キョウチクトウ科

Vincetoxicum pycnostelma

多年草。茎は直立。葉は対生し、線状披針形で長さ6～12cm、幅1.5cm以下。花は黄褐色で径10～12mm、夕方に開き翌日の午前中に閉じる。神奈川RDBでは絶滅危惧Ⅱ類。

花期：6～7月
高さ：40～90cm
環境：草原や草地
分布：中標高地に稀

コバノカモメヅル

小葉鴎蔓　キョウチクトウ科
Vincetoxicum sublanceolatum

つる性の多年草。花は径1～1.5cm、花冠は暗紫色で5深裂し、裂片の先は長く伸びる。ときに淡黄緑花（アズマカモメヅルという）が見られる。

花期：7～9月
高さ：1～2m
環境：湿地や草地
分布：山麓～中標高地にやや多

2020.9.5

オオカモメヅル

大鴎蔓　キョウチクトウ科
Vincetoxicum aristolochioides

つる性の多年草。葉は対生し、長3角形で基部は心形。葉腋に疎らな集散花序を出し、径5～7mmの暗紫色花をつける。果実は細長く，2個が直線状に開出してつく。

花期：7～9月
高さ：1～2m
環境：樹林内
分布：全域に多

2005.9.9

オニルリソウ

鬼瑠璃草　ムラサキ科
Cynoglossum asperrimum

越年草。茎には開出した粗い毛が生える。花冠は淡青紫色で径約5mm、先は5深裂し、喉部に付属体がある。果実は4分果に分かれ、鉤状の刺がある。

花期：7～9月
高さ：40～80cm
環境：崩壊地や荒れ地
分布：北部にやや稀

2015.8.15

2005.6.4

イガホオズキ

毬酸漿　ナス科

Physaliastrum echinatum

多年草。茎や葉は軟弱。葉は卵形または広卵形で先は急に短く尖る。葉腋に径5～8mmの黄白色花を下垂する。萼筒は有毛、花後に大きくなり液果を密着して包み、毛は表面の突起になって残る。

花期：6～9月
高さ：50～70cm
環境：湿った樹林内
分布：山麓～中標高地にやや少

2005.6.4

萼筒　2010.10.11

2001.6.11

アオホオズキ

青酸漿　ナス科

Physaliastrum japonicum

多年草。茎は直立。葉は互生し、長楕円形で先はしだいに尖る。萼筒は疎らに毛があり、花冠は径約15mm。萼は花後に液果を密着して包み、刺状の突起は目立たない。国RDB、神奈川RDBともに絶滅危惧II類。

花期：6～7月
高さ：30～60cm
環境：湿った樹林内
分布：中標高地～高地に少

2001.6.11

イワタバコ

岩煙草　イワタバコ科
Conandron ramondioides* var. *ramondioides

多年草。花茎や花序、葉の下面は無毛。葉身は楕円状卵形で基部は左右がほぼ対称、上面は光沢があって皺が多い。花茎の先の散形花序に紅紫色花をつける。

花期：7～8月　高さ：10～20cm
環境：湿った岩場
分布：中標高地にやや少

2020.8.3

ケイワタバコ

毛岩煙草　イワタバコ科
Conandron ramondioides* var. *pilosus

多年草。イワタバコとは花茎や花序、葉の下面が有毛で、花期が早いことで区別できる。葉は皺がより著しく、葉身基部が左右非対称で２枚の葉が八の字状になる。

花期：6～7月　高さ：10～20cm
環境：湿った岩場
分布：中標高地にやや少

2020.7.2

ヒメトラノオ

姫虎の尾　オオバコ科
Veronica rotunda* var. *petiolata

多年草。葉は狭披針形で対生し、基部は短い葉柄状となる。茎頂に細長い総状花序を出し、淡青紫色花を密生する。神奈川 RDB では絶滅危惧ⅠA 類。

花期：8～9月
高さ：40～80cm
環境：草原や草地
分布：仙石原などに稀

2019.8.10

2020.8.1

ナガバハエドクソウ

長葉蠅毒草　ハエドクソウ科
Phryma oblongifolia

多年草。葉は対生し、長楕円形で基部はくさび形、下面の細脈は不明瞭。ハエドクソウ *P. nana* は葉が広卵形で基部は心形のもので、箱根では北側の外輪山山麓に分布するのみ。

花期：7～9月　高さ：50～70cm
環境：樹林内
分布：山麓～中標高地に多
【箱根が基準産地の一つ】

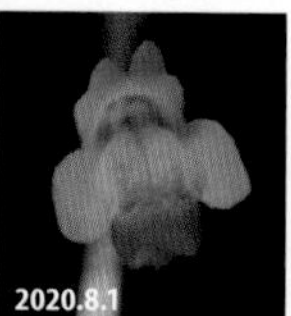
2020.8.1

果実　2020.8.1

2021.8.4

キンレイカ

金鈴花　スイカズラ科
Patrinia palmata

多年草。葉は対生し、下方のものは長い柄があり、葉身は掌状に3～5深裂する。花冠は黄色で長さ7～8mm、先は5裂し、基部には長さ2～3mmの距がある。果実には翼が発達する。

花期：7～9月
高さ：20～60cm
環境：樹林内
分布：高地にやや少
【箱根が基準産地の一つ】

2021.8.4

トチバニンジン

栃葉人参　ウコギ科

Panax japonicus

別名チクセツニンジン。多年草で肥厚した根茎がある。茎の上部に３～５個の掌状複葉を輪生状につけ、小葉はふつう５個ある。茎頂の散形花序に淡黄緑色の小さな花をつける。果実は赤く熟す。

花期：6～8月　果期：8～9月
高さ：50～80cm
環境：樹林内　分布：全域にやや多

2022.6.5

ウマノミツバ

馬の三葉　セリ科

Sanicula chinensis

多年草。根生葉は５深裂、茎葉は３全裂し、裂片の縁には鋸歯がある。花序は頂生し、両性花と雄性花を混生する。果実は卵形でかぎ状の刺が密生し、動物や衣服について散布される。

花期：7～9月
高さ：20～80cm
環境：湿った樹林内
分布：山麓～中標高地に多

2020.8.1

シシウド

猪独活　セリ科

Angelica pubescens

多年草。全体に褐色の細毛が多い。葉柄の基部は袋状。葉身は２～３回羽状複葉で小葉は幅広く、頂小葉の基部は柄に流れる。大散形花序は密に白色花をつけ、果実は背腹に偏平で広い翼がある。

花期：8～10月　高さ：1～2m
環境：草原や林縁　分布：全域に多

2018.8.1

夏のシソ科植物

茎は断面が４角形のものが多く、葉は対生する。茎や葉に精油を含み、腺点があり香りのある種類が多い。花序は頂生または腋生の集散花序が基本で、花序の枝が短縮して花が輪生状について花輪となり、それが数段連なって花穂をつくることもある。萼や花冠は筒状で先が２唇形のものが多い。夏から秋に開花するものが多いので、夏の後ろ、秋の後ろにそれぞれまとめたが、夏から秋まで咲き続けるものもあり、秋のシソ科（160 ～ 167 ページ）も参照して欲しい。

2021.8.4

2021.8.4

ツルニガクサ

蔓苦草　シソ科

Teucrium viscidum* var. *miquelianum

多年草。葉は縁に不揃いな鋸歯があり、葉身の1/3 の長さの柄がある。花は淡紅紫色。萼は密に腺毛があり、または短毛がある。ニガクサ *T. japonicum* は萼は無毛または短毛があり、山麓のみに分布。

花期：7 ～ 9 月　高さ：20 ～ 40cm
環境：樹林内　分布：全域にやや多
【箱根が基準産地の一つ】

2018.8.1

ヒメナミキ

姫浪来　シソ科

Scutellaria dependens

全体に無毛。葉は対生し、３角状卵形で１～４対の低い鋸歯がある。花は葉腋に１個ずつつき、花冠は長さ約 6mm。神奈川 RDB では絶滅危惧Ⅱ類。

花期：6 ～ 8 月
高さ：10 ～ 30cm
環境：湿った草地
分布：中標高地に少

ナツノタムラソウ

夏の田村草　シソ科

Salvia lutescens* var. *intermedia

花冠は青紫色で２本の雄しべは上唇に沿って長く突き出るのが特徴。箱根には本変種のほかミヤマタムラソウ、ダンドタムラソウの３変種があるが、本変種は長い匍匐枝を出さず、頂小葉は卵状披針形で先が尖る。

花期：6～8月
高さ：20～70cm
環境：林縁や樹林内
分布：中標高地～高地にやや少

2020.6.24

2009.7.12

ミヤマタムラソウ

深山田村草　シソ科

Salvia lutescens* var. *crenata

ナツノタムラソウと同様に長い匍匐枝は出さない。花冠が淡青色で、頂小葉は広卵形で先は鈍形または円形なので、ナツノタムラソウと区別できる。神奈川RDBでは絶滅危惧Ⅱ類。

花期：6～8月
高さ：20～70cm
環境：林縁や樹林内
分布：北部の中標高地～高地に少

2020.8.3

2020.8.3

2005.7.11

ダンドタムラソウ

段戸田村草　シソ科
Salvia lutescens* var. *stolonifera

前変種に似ているが、花後に長い匍匐枝を伸ばして繁殖する。花冠は淡青色。和名は愛知県の段戸山に因む。神奈川 RDB では絶滅危惧Ⅱ類。

花期：6～7月
高さ：20～70cm
環境：林縁や樹林内
分布：南部（湯河原や熱海）の中標高地にやや少

2019.7.8

2020.8.8

アキノタムラソウ

秋の田村草　シソ科
Salvia japonica

多年草。葉は根生および茎に対生し、羽状複葉または2回羽状複葉、まれに単葉になる。茎頂に細長い花穂をつけ、青紫色の唇形花を輪生する。2本の雄しべははじめ前方に突き出るが、その後、後方に強く湾曲する。

花期：7～10月
高さ：20～80cm
環境：草地や林縁
分布：山麓～中標高地に多

2019.8.10

クルマバナ

車花　シソ科
Clinopodium coreanum
subsp. *coreanum*

多年草。葉は対生し、狭卵形で鋸歯縁。上部の葉腋に花が集まって花輪をつくり、それが数段続いて花穂となる。花輪基部の小苞は針形で白長毛があり、萼筒より長くて目立つ。花冠は紅紫色で長さ8～10mm。

花期：7～9月　高さ：20～80cm
環境：草地
分布：山麓～中標高地にやや少

2022.7.9

2015.8.15

ヤマクルマバナ

山車花　シソ科
Clinopodium chinense
subsp. *glabrescens*

別名アオミヤマトウバナ。多年草。クルマバナに似るが、花輪基部の小苞は萼筒より短く、花冠は白色～淡紅色で小さく長さ6～8mm。クルマバナとイヌトウバナ（118ページ）の中間的な形態の植物である。

花期：8～9月
高さ：20～80cm
環境：草地や林縁
分布：中標高地にやや少

2015.8.31

ヤマトウバナ

山塔花　シソ科
Clinopodium multicaule

葉下面の腺点は目立たない。花序はふつう主軸の先端のみにつき、稀に最上部の葉腋につくことがある。萼筒の基部脈上に短毛またはやや長い毛が疎らに生え、花冠は白色で長さ7～8mm。

花期：6～8月
高さ：15～30cm
環境：樹林内
分布：中標高地～高地にやや多

イヌトウバナ

犬塔花　シソ科
Clinopodium micranthum

茎の中部以上でよく分枝し、葉の下面の腺点は目立つ。茎頂や上部の葉腋に花穂をつけ、白色～淡紅色の小さい花をつけ、小苞は小花柄より短く目立たない。萼筒には白長軟毛が多く、花冠は長さ5～6mm。

花期：8～10月
高さ：20～60cm
環境：路傍や樹林内
分布：全域に多

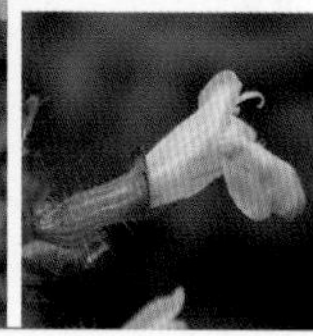

ウツボグサ

靭草　シソ科

Prunella vulgaris* subsp. *asiatica

多年草。茎は地をはって伸び、先が立ち上がる。葉は柄があって対生し、卵状長楕円形。茎頂に密な花穂をつけ、苞葉の縁の白毛が目立つ。

花期：6～8月
高さ：10～30cm
環境：草地
分布：全域に多

2021.7.13

イヌゴマ

犬胡麻　シソ科

Stachys aspera* var. *hispidula

多年草。横走する地下茎があり、茎の稜に下向きの刺毛がある。葉身は3角状披針形で鈍鋸歯縁。上部の葉腋に3～6花が花輪をつくり、それが数段の花穂となる。

花期：7～8月
高さ：30～70cm
環境：湿った草地
分布：山麓～中標高地にやや少

2022.7.9

ヤマジオウ

山地黄　シソ科

Lamium humile

多年草。葉は短い茎に2～3対つき、倒卵形で長さ3～8cm。花は葉腋につき、花冠は淡紅色、上唇は直立し、下唇は3裂する。

花期：7～8月
高さ：5～10cm
環境：樹林内
分布：山麓～中標高地にやや少

2009.7.27

夏のキク科植物

箱根では夏に花が咲くキク科植物が多数あり、夏のキク科としてとりあげた。ただし、キク科植物は秋に花が咲くものも多く、夏か秋か迷うものもあるので、秋のキク科植物（168 ～ 187 ページ）も参照して欲しい。キク科植物の頭花の解説は秋のキク科植物のリード文（168 ページ）に記した。数は少ないが春～初夏の草本で以下のキク科植物もすでに紹介している。春では、センボンヤリとアズマギク、初夏ではノアザミ、コウゾリナ、イワニガナ、ニガナ、サワギク、オカオグルマを紹介した。

2005.7.11

ムラサキニガナ

紫苦菜　キク科

Paraprenanthes sororia

多年草。茎は軟らかく中空で切ると乳液が出る。葉は 3 角状卵形で下面は白色を帯び、縁は不規則な切れ込みと波状鋸歯がある。疎らな円錐花序に紫色の頭花を多数つける。

花期：6 ～ 8 月
高さ：70 ～ 120cm
環境：樹林内
分布：山麓～中標高地に多

2020.8.17

2020.8.17

ヤマニガナ

山苦菜　キク科

Lactuca raddeana* var. *elata

1 年草または越年草。下方の葉は羽状に切れ込み、中ほどの葉は広披針形で翼のある柄があるが、茎は抱かない。頭花は径約 1cm、総苞は長さ約 1cm、内片は 5 ～ 6 個。

花期：7 ～ 10 月
高さ：60 ～ 200cm
環境：林縁や明るい樹林内
分布：山麓～中標高地に多

コウモリソウ

蝙蝠草　キク科

Parasenecio maximowiczianus

葉は互生し、3角状ほこ形で長さ8～10cm。頭花は斜め横向きに咲き、総苞片は1列で長さ8～10mm、小花は6～10個あり、両性の筒状花。神奈川RDBでは絶滅危惧Ⅱ類。

花期：7～8月　高さ：30～70cm
環境：樹林内
分布：高地に稀
【箱根が基準産地の一つ】

2022.8.27

オタカラコウ

雄宝香　キク科

Ligularia fischeri

標高の低い箱根では珍しい。根生葉は円心形で長さ20～40cm、頭花は総状花序につき、黄色で径約4cm、舌状花は5～9個ある。神奈川RDBでは絶滅危惧ⅠA類。

花期：7～9月
高さ：80～150cm
環境：樹林内のギャップ
分布：高地に稀

2022.8.27

マルバダケブキ

丸葉岳蕗　キク科

Ligularia dentata

多年草。茎や葉柄に垢状の毛がある。葉は根生し長い柄があって径20～30cm。茎葉は2個で小さく、基部は袋状に茎を抱く。頭花は散房花序につく。

花期：7～9月
高さ：50～120cm
環境：草地や明るい樹林内
分布：高地にやや多

2020.8.24

1984.8.12

コウリンカ

紅輪花　キク科

Tephroseris flammea* subsp. *glabrifolia

花時には根生葉はなく、茎葉は薄く綿毛があり、基部は少し茎を抱く。頭花は濃い橙色で径3～4cm、舌状花は下方に反り返る。国RDBは絶滅危惧Ⅱ類、神奈川RDBでは絶滅危惧IB類。

花期：7～9月　高さ：40～60cm
環境：草原
分布：高地に稀

2022.7.9

カセンソウ

歌仙草　キク科

Inula salicina* var. *asiatica

葉は長楕円状披針形で下面に開出する毛があり、縁には突起状の小鋸歯がある。頭花は黄色で径3.5～4cm、柄には開出毛がある。神奈川RDBでは絶滅危惧Ⅱ類。

花期：7～9月
高さ：60～80cm
環境：草地や林縁
分布：中標高地に少

2019.8.10

オグルマ

小車　キク科

Inula japonica

多年草。カセンソウに似るが湿地に生え、葉は幅広く、下面には上向きの伏毛があり、側脈は45度の角度ででる。頭花の柄には白い伏毛がある。神奈川RDBでは準絶滅危惧。

花期：7～9月
高さ：60～80cm
環境：明るい湿地
分布：仙石原に稀

ウスユキソウ

薄雪草　キク科

Leontopodium japonicum

多年草。茎は叢生し、花時には根生葉は枯れている。頭花は数個が密に集まり、その基部に白色の苞葉があり、花弁のように見える。丹沢には多産する。

花期：7～8月
高さ：20～40cm
環境：乾いた岩場や岩礫地
分布：金時山に稀

1999.8.4

ハコネヒヨドリ

箱根鵯　キク科

Eupatorium glehnii* var. *hakonense

別名ホソバヨツバヒヨドリ。葉は4個が輪生し、線状披針形で幅1～3cm。ヨツバヒヨドリ var. *glehnii* と区別されないことも多いが、箱根のものは顕著に葉が細い。

花期：7～8月　高さ：40～80cm
環境：林縁や草地
分布：高地にやや少
【箱根が基準産地】

2021.7.19

オオヒヨドリバナ

大鵯花　キク科

Eupatorium makinoi* var. *oppositifolium

別名ヒヨドリバナ。葉は対生。頭花は白色、数個の筒状花からなり、長く突き出た白色の2分岐した花柱が目立つ。花にはアサギマダラがよく集まる。

花期：7～9月
高さ：60～120cm
環境：林縁や草地
分布：全域に多

2020.8.17

2020.8.11

サジガンクビソウ

匙雁首草　キク科

Carpesium glossophyllum

多年草。根生葉は花時にもあり、へら状で鈍頭、縁には低い鋸歯があり、ロゼット状に広がる。頭花は太い柄があり、半球形で長さ6～8mm、幅8～15mm。

花期：7～9月
高さ：25～50cm
環境：樹林内や林縁
分布：山麓～中標高地に多

2020.8.11

2020.8.1

ヒメガンクビソウ

姫雁首草　キク科

Carpesium rosulatum

多年草。茎には開出した軟毛がある。根生葉はへら状披針形でロゼット状に花時にも残り、茎葉は小さく数が少ない。長い柄の先に急に曲がってついた頭花は煙管の雁首に似ている。頭花は径約5mm。

花期：7～9月
高さ：15～45cm
環境：樹林内
分布：山麓～中標高地に多

2020.8.1

ミヤマヤブタバコ

深山藪煙草　キク科

Carpesium triste

別名ガンクビヤブタバコ。茎の下部には下向きの長毛が多い。根生葉は花時にも残り、翼のある長い葉柄があり、葉身は卵状楕円形で鋭頭。頭花の基部には数個の緑色で線形の苞葉がある。

花期：7～9月　高さ：20～80cm
環境：樹林内や林縁
分布：高地にやや少
【箱根が基準産地】

2022.8.27

2015.8.7

キバナガンクビソウ

黄花雁首草　キク科

Carpesium divaricatum
var. *divaricatum*

別名ガンクビソウ。多年草。根生葉は花時に枯れ、茎葉は互生し、下方の葉は卵形で基部は円形。頭花は径4～10mm、基部に葉状の総苞片が1～3個ある。ガンクビソウ属の痩果には粘液があり、付着して散布される。

花期：8～10月　高さ：50～100cm
環境：樹林内や林縁
分布：山麓～中標高地に多

2020.8.17

2020.8.17

秋の花

ここでは９月から10月に花の最盛期を迎える草本を紹介する。山上ではお盆を過ぎた頃から咲き始め、多くは９月中に咲き終わる。10月になるとリンドウ、センブリ、ウメバチソウ、アキノキリンソウ、リュウノウギクが咲き、やがて紅葉が始まると植物観察の季節も終わりが近づく。マメ科植物、シソ科植物、キク科植物は秋に花が咲くものが多い。科の見当はつくと思われるので、それぞれを集めて比較できるようにした。

2020.9.28

ホトトギス

杜鵑草　ユリ科

Tricyrtis hirta

多年草。茎は斜上または壁から下垂し、毛が多い。花は葉腋に１～３個ずつ上向きにつき、主茎の先から基部に向かって咲く。花被片は反り返らない。ホトトギス属の外花被片の基部は胞状に膨らみ距となる。

花期：9～10月
高さ：40～90cm
環境：湿った樹林内や岩場
分布：全域に多

2005.8.31

ヤマホトトギス

山杜鵑草　ユリ科

Tricyrtis macropoda

多年草。茎には疎らに毛が生え、葉は互生し、基部が茎を抱く。花は茎頂の散房花序に上向きにつける。花被片は白色に紅紫色の斑点があり、下方に反り返る。ホトトギス属の花柱は３裂し、さらに２中裂する。

花期：8～9月
高さ：40～80cm
環境：草地や林縁
分布：山麓～中標高地に多

チャボホトトギス

矮鶏杜鵑草　ユリ科

Tricyrtis nana

多年草。葉は長さ5～15cm、暗色の斑紋がある。茎頂と上部の葉腋に黄色花を1～2個つけ、花柄は花よりも短い。花被片は長さ20～24mm、内面に紫褐色の斑点がある。箱根が分布の東限。静岡RDBでは絶滅危惧II類。

花期：8～9月
高さ：2～15cm
環境：樹林内
分布：南部に稀

2006.9.4

ヤマラッキョウ

山辣韮　ヒガンバナ科

Allium thunbergii

夏緑の多年草で鱗茎がある。葉は断面が鈍3角形で中空。花茎の先に球形の散形花序をつけ、その基部に2片に裂ける苞があり、長さ12～15mmの小花柄の先に紅紫色花をつける。雄しべは花被片より長い。

花期：9～11月
高さ：30～60cm
環境：草原
分布：山麓～中標高地にやや少

2006.10.8

2022.9.30

ニッポンイヌノヒゲ

日本犬の髭　ホシクサ科
Eriocaulon taquetii

1年草。葉は花茎とほぼ同長で幅は基部で5～10mm、中部で3mm以上。花茎の先に径6～8mmの頭花を1個つける。頭花は周辺に数個の萼状の総苞片があり、中央に多数の単性花をつける。個々の花の苞、萼、花弁に白色毛はない。神奈川RDBでは絶滅危惧ⅠB類。

花期：8～9月　高さ：15～20cm
環境：湿地　分布：仙石原とその周辺に稀

頭花　2022.9.30

2022.9.10

イヌノヒゲ

犬の髭　ホシクサ科
Eriocaulon miquelianum

1年草。葉は花茎よりも明らかに短く、幅は中部で1～3mm。花茎の先に径6～10mmの頭花を1個つける。頭花の周辺に総苞片、中央に多数の雄花と雌花をつける。花弁や雄花の萼に白色の2細胞からなる短毛がある。神奈川RDBでは絶滅危惧ⅠA類。

花期：8～9月　高さ：5～20cm
環境：湿地　分布：仙石原とその周辺に稀

頭花　2022.9.10

イトイヌノヒゲ

糸犬の髭　ホシクサ科

Eriocaulon decemflorum

1年草。葉は花茎よりも明らかに短い。花茎の先に径3～7mmの白色の頭花を1個つける。頭花基部の総苞片は先が鈍い。神奈川県では横浜市内の丘陵地にもあったが、現在は安定して生育しているのは仙石原のみである。神奈川RDBでは絶滅危惧ⅠB類。

花期：8～9月　高さ：5～10cm
環境：湿地
分布：仙石原とその周辺に少

頭花　2022.9.10

2022.9.10

タチヒメクグ

立姫莎草　カヤツリグサ科

Cyperus kamtschaticus

1年草で池や河川の水位低下で生じた湿地に生える。葉は発達せず、頭花の基部にある苞葉が葉のように見える。頭花は多数の小穂が集まったもので、小穂の稜には小刺が生える。神奈川RDBでは絶滅危惧Ⅱ類。

花期：8～9月　高さ：3～30cm
環境：減水湿地
分布：お玉が池や精進池

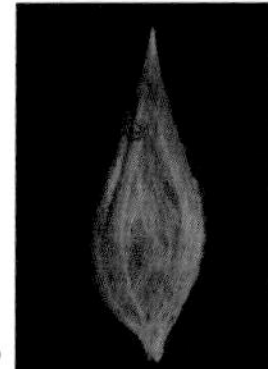

小穂　2012.9.16

2012.9.16

2021.9.11

アブラガヤ

油萱　カヤツリグサ科

Scirpus wichurae

多年草。茎は鈍3稜形で硬い。花序は円錐状で茎頂と上部の葉腋に出し、褐色の小穂を多数つける。小穂は短い軸に多数の鱗片を密集したもので、鱗片の腋に両性花をつける。鱗片は長さ約2mm、花弁は6本の屈曲した刺針。

花期：8～9月　高さ：1～1.5m
環境：湿地
分布：山麓～中標高地にやや少

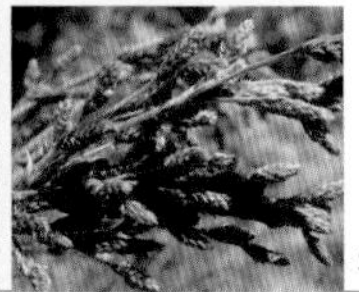
花序　2019.9.19

2018.10.30

ウラハグサ

裏葉草　イネ科

Hakonechloa macra

多年草。斜面に斜上または垂れ下がって生えるため、葉の裏面が反転して上になり光沢がある。この性質は崖地に生えるイネ科植物によく見られる性質で本種に限ったことではない。1属1種で属の学名に箱根の名がつく。

花期：8～10月
高さ：40～70cm
環境：岩場や斜面
分布：中標高地～高地に多

小穂　2018.10.30

サラシナショウマ

晒菜升麻　キンポウゲ科

Cimicifuga simplex

多年草。根生葉はふつう3回3出複葉で、小葉は両面ともに有毛で、下面脈上の毛は屈毛。茎頂の円柱状の花序に白色花を多数つけ、花には明らかな小花柄がある。果実は袋果。

花期：8～10月
高さ：40～150cm
環境：湿った樹林内
分布：全域に多

花序　2020.10.12

2020.10.12

イヌショウマ

犬升麻　キンポウゲ科

Cimicifuga biternata

多年草。根生葉は2回3出複葉で、小葉は上面脈上は有毛、下面脈上には開出した縮毛がある。茎頂の円柱状の花序に白色花を多数つけ、花に小花柄はほとんどなく、萼片は4～5個で開花と同時に落ち、多数の雄しべが目立つ。

花期：8～10月
高さ：40～90cm
環境：湿った樹林内
分布：全域に多

花序　2020.10.6

2020.10.6

2014.10.8

ヤマトリカブト

山鳥兜　キンポウゲ科
Aconitum japonicum
subsp. *japonicum*

多年草。茎は斜上し、花時に根生葉はない。茎葉は互生し、3深〜中裂する。花柄には下向きの曲がった毛が密生する。花は青紫色で5個の萼片が見え、花弁は上萼片の中にあって見えない。有毒植物。

花期：9〜10月　高さ：60〜120cm
環境：林縁や明るい樹林内
分布：全域に多

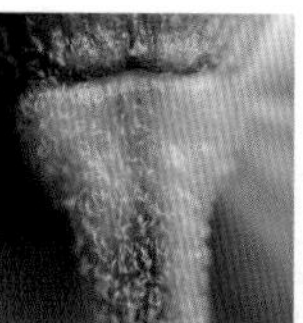
花柄　2014.10.8

ハコネトリカブトとイヌハコネトリカブト

ハコネトリカブト　2021.9.13

駒ヶ岳や二子山の山頂など、風の強いササ原に生えるヤマトリカブトは直立して茎の上部に密集して花をつける。これをハコネトリカブトという。ヤマトリカブトの風衝地型として、分けないことが多いが、景観上は大きな違いがある。

イヌハコネトリカブト *A.* × *parahakonense* はヤマトリカブトに似ているが、花柄に開出毛が混ざるもので、ヤマトリカブトとセンウズモドキ *A. jaluense* subsp. *iwatekense* の交雑種とされ、この地域からセンウズモドキが消滅した後も雑種が生き残ったと考えられている。稀なもので神奈川RDBでは絶滅危惧Ⅱ類とされた。

イヌハコネトリカブト　花柄
2021.10.11

クサボタン

草牡丹　キンポウゲ科

Clematis stans

多年草とされるが、茎の基部は冬を越して肥大し半低木状。葉は対生し、1回3出複葉で小葉には不ぞろいな鋸歯がある。花は両性または単性で雌雄異株または同株。4個の萼片は白色～淡紫色で開花すると反り返る。雌しべの花柱は花後に伸長して、長さ約2cmの羽毛状となり、果実に残存する。

花期：8～9月
高さ：60～100cm
環境：岩場や草地、林縁
分布：中標高域～高地にやや多

2015.9.11

2020.9.14

果実　2006.10.8

アキカラマツ

秋唐松　キンポウゲ科

Thalictrum minus* var. *hypoleucum

多年草。葉は互生し、2～4回3出複葉で、小葉の先は小さく3裂する。茎頂の円錐花序に淡黄色花を多数つける。花に花弁はなく、白色の萼片は開花後すぐに落ち、雄しべの花糸と淡黄色の葯が目立つ。

花期：7～9月
高さ：40～140cm
環境：草地や林縁
分布：山麓～中標高域に多

2020.9.21

2020.9.21

ダイモンジソウ

大文字草　ユキノシタ科
Saxifraga fortunei* var. *alpina

多年草。葉は根生し、長い柄があり、葉身は腎円形で浅く7～10裂し、粗い毛がある。疎らな円錐状花序に白色花をつける。花弁は5個で下方の2個が長く、上方の3個は楕円形で斑点はない。

花期：9～11月
高さ：5～30cm
環境：岩場
分布：高地に少

ベンケイソウ

弁慶草　ベンケイソウ科
Hylotelephium erythrostictum

多年草。葉はすべて互生し、短い柄があり、卵形または楕円形で肉厚、縁には低くて先が鈍い鋸歯がある。花は密な複散房状花序につき、花弁は紅色～紅紫色または白色。神奈川RDBでは絶滅危惧ⅠA類。

花期：9～11月
高さ：5～30cm
環境：ススキ草原
分布：仙石原に稀

アリノトウグサ

蟻の塔草　アリノトウグサ科
Gonocarpus micranthus

多年草。葉は対生、卵円形で長さ6～12mm、縁には鈍鋸歯がある。花は枝先に穂状につけ、下向きに咲く。萼筒は球形で長さ約1mm、先は4裂し、裂片は3角形。花弁は4個あり、紅色で長さ1～1.5mm。

花期：7～9月
高さ：10～20cm
環境：日当たりの良い草地
分布：全域にやや少

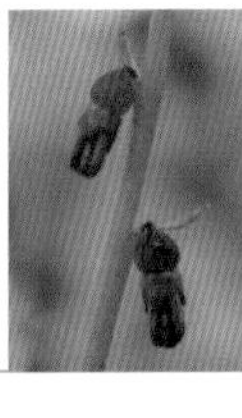
2020.7.22

2005.9.9

キンミズヒキ

金水引　バラ科
Agrimonia pilosa* var. *japonica

多年草。葉は奇数羽状複葉で小葉は5～9個。葉柄の基部両側に扇形の托葉があり、数個の鋭鋸歯がある。穂状花序に径約8mmの黄色花をつけ、雄しべは8～15本。萼は筒部の縁にかぎ刺があり、熟して径約5mm、動物や衣服に付着する。

花期：7～10月　高さ：30～80cm
環境：林縁や草地
分布：山麓～中標高地に多

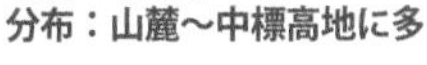

托葉　2020.9.21

2020.9.21

2020.9.21

2006.9.4

ヒメキンミズヒキ

姫金水引　バラ科

Agrimonia nipponica

キンミズヒキに似ているが、葉は茎の基部にまとまることが多く、小葉の数が少なく、先端の3小葉のみが特に大きい。花は径5〜6mmと小さく、雄しべは5〜8個。熟した果実（萼筒）は径約3mm。

花期：7〜10月
高さ：20〜60cm
環境：樹林内
分布：山麓〜中標高地に多

托葉　20208.8

2006.9.4

2019.8.10

ハコネキンミズヒキ

箱根金水引　バラ科

Agrimonia noguchii
subsp. *hakonensis*

花の大きさはキンミズヒキと同じであるが、托葉が大きく扇形に広がり、10個以上の鋸歯があり、小葉の先は円みがあり、最大幅は先端近くにある。神奈川RDBでは絶滅危惧ⅠB類。

花期：7〜9月　高さ：40〜80cm
環境：林縁や草地
分布：中標高地にやや少
【箱根が基準産地】
【フォッサ・マグナ要素】

托葉　2019.8.10

2019.8.10

ワレモコウ

吾木香／吾亦紅　バラ科

Sanguisorba officinalis

葉は奇数羽状複葉で小葉は長楕円形で鋸歯縁、もむとスイカの香りがする。頭状の花序に暗紫褐色花を密集し、花序の上の方から先に咲く。花には花弁状の萼片が4個ある。

花期：8～10月
高さ：30～80cm
環境：林縁や草地
分布：山麓～中標高地にやや少

2015.9.16

ヤマミズ

山みず　イラクサ科

Pilea japonica

軟弱な1年草。葉は対生し、広卵形で両面無毛。草姿はミズ *P. hamaoi* やアオミズ *P. pumila* に似るが、本種は葉の上面主脈から直角に伸びる支脈がなく、花序に長い柄がある。

花期：8～10月　高さ：10～20cm
環境：湿った樹林内
分布：中標高地に多
【箱根が基準産地の一つ】

2020.10.25

ミヤマミズ

深山みず　イラクサ科

Pilea petiolaris

多年草。全体に無毛。葉は対生し、長楕円形で長さ7～15cm、3脈が目立つ。托葉は大きく長さ10～15mm、早く落ちる。雄花序は下方の、雌花序は上方の葉腋につく。神奈川RDBでは絶滅。

花期：8～10月　高さ：40～80cm
環境：湿った樹林内
分布：岩戸山や日金山にやや少

2005.10.3

2021.10.9

ウメバチソウ

梅鉢草　ニシキギ科

Parnassia palustris* var. *palustris

多年草。根生葉は数個あり、長い柄がある。茎葉は円心形で1個、無柄で茎を抱く。茎頂に径2～2.5cmの白色の5弁花を1個つける。花のアップ写真は雄しべの葯が落ちた状態で、仮雄しべの先は糸状に分裂し、糸の先に黄白色の腺体がある。神奈川RDBでは絶滅危惧IB類。

花期：9～10月　高さ：10～40cm
環境：湿った草地

2019.10.26

分布：中標高地～高地に少

2015.9.11

シラヒゲソウ

白鬚草　ニシキギ科

Parnassia foliosa* var. *foliosa

多年草。根生葉は心形で長い柄がある。茎葉は3～6個、無柄で茎を抱く。茎頂に径2～2.5cmの白色花を1個つける。花弁は5個で、先は糸状に細裂する。花のアップ写真は開花直後のもので、雄しべは短く閉じている。

花期：8～9月　高さ：10～30cm
環境：湿った岩場
分布：高地にやや稀

2021.8.30

コフウロ

小風露　フウロソウ科

Geranium tripartitum

多年草。葉は互生し、3全裂する。花は白色で径1〜1.5cm、雄しべは10個とも葯がある。萼には開出毛があるが腺毛はない。

花期：8〜9月
高さ：10〜30cm
環境：樹林内
分布：高地に多

2020.8.24

タチフウロ

立風露　フウロソウ科

Geranium krameri

多年草。葉は対生し、中部の葉は5〜7深裂する。花は径3cm、花弁は淡紅紫色で紅色の筋があり、萼片の倍近い長さがある。神奈川RDBでは絶滅危惧ＩＢ類。

花期：8〜9月
高さ：60〜80cm
環境：草地や林縁
分布：山麓〜中標高地に稀

2022.9.22

ゲンノショウコ

現の証拠　フウロソウ科

Geranium thunbergii

多年草。葉は3〜5中〜深裂し、少なくとも茎の下部には5裂する葉がある。花は白色〜淡紫色、稀に紅色。萼片や花柄などに腺毛をもつ。

花期：8〜10月
高さ：20〜50cm
環境：草地や路傍
分布：山麓〜中標高地に多

白色花　2020.8.11

2020.10.12

2015.8.15

トダイアカバナ

戸台赤花　アカバナ科

Epilobium platystigmatosum

多年草。茎は上部で枝を分ける。葉は線状長楕円形で鋭頭、基部は茎を抱かず、縁には3～8対の低鋸歯がある。花弁は4個で白色または淡紅色、長さ3～6mm。国RDBと神奈川RDBともに絶滅危惧II類。

花期：7～9月
高さ：7～35cm
環境：岩礫地や河原
分布：北部の中標高地に稀

2021.9.11

アカバナ

赤花　アカバナ科

Epilobium pyrricholophum

多年草。葉は対生し、卵形～卵状披針形で基部は茎を抱き、縁には鋸歯がある。花弁は4個で淡紅色、長さ約8mm、柱頭は白色でこん棒状。萼片やさく果に腺毛が多い。

花期：7～9月
高さ：15～90cm
環境：草地や明るい湿った所
分布：山麓～中標高地にやや少
【箱根が基準産地の一つ】

2021.9.11

カラスノゴマ

鳥の胡麻　アオイ科
Corchoropsis crenata

1年草。茎や葉などに星状毛がある。葉は互生し、卵形で縁には鋸歯がある。花は葉腋につき径7mm。果実は円柱形のさく果で少し湾曲する。

花期：8～10月
高さ：30～60cm
環境：草地や路傍
分布：山麓にやや少

2020.10.6

ハナタデ

花蓼　タデ科
Persicaria posumbu

1年草。葉は質が薄く、先は尾状に尖り、上面全体に粗毛を散生し、花序はイヌタデに比べて疎らにつく。イヌタデ *P. longiseta* は葉先は緩やかに尖り、下面脈上と葉縁に短毛がある。

花期：8～10月
高さ：30～60cm
環境：林縁などの半日陰
分布：山麓～中標高地に多

2020.10.6

イタドリ

虎杖／痛取　タデ科
Fallopia japonica

多年草。茎は中空で葉は互生、葉身は広卵形で基部は切形。雌雄異株。茎頂と葉腋に円錐花序をつける。花後、3個の外花被片は背面が翼状に発達して果実を包む。

花期：7～10月
高さ：50～120cm
環境：草地や路傍
分布：全域に多

2020.8.24

2022.9.10

ツリフネソウ

釣舟草　ツリフネソウ科
Impatiens textorii

1年草。葉は互生し、縁には鋭鋸歯がある。萼片は3個で花弁と同色、下側の1個は袋状で大きく、後に突出て距となり、先端は渦巻き状。花弁は3個あり、下側の2個の側花弁が大きい。さく果は熟すと種子をはじき飛ばす。

花期：8～10月　高さ：30～80cm
環境：湿地や流水縁
分布：山麓～中標高地に多

2019.9.19

2005.10.3

ハシカグサ

麻疹草　アカネ科
Neanotis hirsuta

1年草。茎は地面をはい、枝分かれして広がる。葉は対生し、両面に白色軟毛が疎らに生える。托葉は半円形で2～4個の刺状突起がある。花は葉腋につけ、白色で径約3mm。

花期：8～10月
高さ：5～10cm
環境：湿地や流水縁
分布：山麓～中標高地に多

2019.8.10

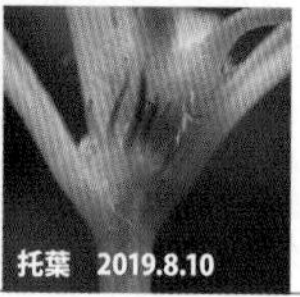
托葉　2019.8.10

ツルリンドウ

蔓竜胆　リンドウ科

Tripterospermum japonicum

つる性の多年草。葉は対生し、広披針形で３脈が目立つ。葉腋に淡紫色花をつけ、花冠は筒状鐘形で５裂し、裂片間に副片がある。果実は楕円形の液果で紅色に熟し、柄がのびて残存する花冠より突き出る。

花期：8～10月
高さ：40～80cm
環境：樹林内や林縁
分布：全域に多

2016.9.6

果実　2020.11.4

リンドウ

竜胆　リンドウ科

Gentiana scabra* var. *buergeri

多年草。葉は対生し、ほとんど無柄で３脈が目立つ。花は茎頂と上部の葉腋につけ、花冠は青紫色または紅紫色、長さ4cmほどの筒状鐘形で先は５裂し、裂片間に副片がある。

花期：9～11月
高さ：15～60cm
環境：草地や明るい樹林内
分布：全域に多

2019.10.26

2021.9.11

アケボノソウ

曙草　リンドウ科
Swertia bimaculata

1年草または越年草。葉は対生し、楕円形〜卵状披針形で3〜5脈が目立つ。花冠は白色〜淡緑色で、裂片の先の方に紫色の細点があり、中央やや上には2個の黄緑色の蜜腺溝があり、その周辺に毛はない。

花期：9〜10月
高さ：30〜120cm
環境：湿った草地や樹林内
分布：中標高地にやや少

2014.9.24

2019.10.26

イヌセンブリ

犬千振　リンドウ科
Swertia tosaensis

1年草または越年草。葉は対生し、広披針形で長さ5cm以下。萼片は披針形〜広披針形で基部が狭い。花冠は径約1cm、裂片は白色で紫色の筋があり、蜜腺溝の縁に白色毛が生える。国RDBでは絶滅危惧Ⅱ類、神奈川RDBでは絶滅危惧ⅠB類。

花期：10〜11月　高さ：10〜35cm
環境：湿った裸地や芝地
分布：仙石原周辺に稀

2019.10.26

センブリ

千振　リンドウ科
Swertia japonica

1年草または越年草。全草に苦味があり、健胃剤として有名。葉は線形で対生する。萼片は線形または広線形で基部は狭くならない。花冠は基部付近まで4～5裂し，白色で紫色の筋があり、裂片の基部に2個の緑色の蜜腺溝があり、その周囲に毛が生える。

花期：9～11月
高さ：5～20cm
環境：丈の低い草地や裸地
分布：全域に多

2008.10.18

アイナエ

あい苗　マチン科
Mitrasacme pygmaea

繊細な1年草。葉は対生し、茎の基部に2～8対あり、葉身は卵形で不明瞭な3脈がある。茎の先に散形状に数個の白花をつける。花冠は鐘形で先は4裂する。神奈川RDBでは絶滅危惧II類。

花期：9～10月
高さ：5～10cm
環境：丈の低い草地や芝地
分布：中標高域に稀

根生葉　2022.9.22

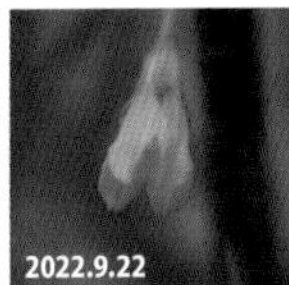
2022.9.22

2022.9.22

果実　2005.10.3

マルバノホロシ

丸葉のほろし　ナス科

Solanum maximowiczii

つる性の多年草。葉は互生し、卵状披針形で基部はくさび形、両面とも無毛。径1cmほどの淡紫色花をつけ、花冠中央が緑色を帯びる。液果は赤く熟す。

花期：7～9月　果期：10～11月
高さ：低木に登る
環境：林縁
分布：山麓～中標高域に多

果実　2020.10.25

ハダカホオズキ

裸酸漿　ナス科

Tubocapsicum anomalum

多年草。葉は互生し、長楕円形で全縁。花は葉腋につけ、花冠は淡黄色で5裂し、裂片は反曲。萼は先が平らで、果期にも大きくならない。液果は赤く熟す。

花期：8～9月　果期：10～11月
高さ：60～90cm　環境：樹林内
分布：山麓～中標高域にやや少
【箱根が基準産地の一つ】

2022.8.30

ハグロソウ

葉黒草　キツネノマゴ科

Peristrophe japonica

多年草。葉は対生し、長楕円形で全縁。枝先に葉状の苞を2～3個つけ、その間に1～2個の花をつける。花冠は2唇形、下唇内面に紅色の斑紋がある。

花期：7～10月
高さ：20～50cm
環境：路傍や林縁
分布：山麓～中標高域にやや少

キツネノマゴ

狐の孫　キツネノマゴ科

Justicia procumbens

1年草。茎は分枝して下向きの短毛が生える。葉は対生。枝先に円柱状の穂状花序をつける。小苞と萼裂片はほぼ同長で白色長毛が生える。花冠は上唇が白色、下唇は淡紅紫色で大きく内面に白い筋がある。

花期：8～10月
高さ：10～40cm
環境：草地や路傍
分布：山麓～中標高域に多い

花序　2020.9.21

2020.9.21

ムラサキミミカキグサ

紫耳掻草　タヌキモ科

Utricularia uliginosa

1年草。食虫植物でミジンコなどの水中の小動物を捕らえる。泥上に軸を伸ばし、長さ3～6mmのへら状の葉と花茎をつけ、花茎の基部から捕虫嚢をつけた糸状葉が伸びる。花は淡紫色で長さ約3mm。国RDBでは準絶滅危惧、神奈川RDBでは絶滅危惧ⅠA類。

花期：8～9月　高さ：5～15cm
環境：湿地
分布：仙石原に稀。湿生花園の湿原復元実験区で観察できる。

2021.10.9

2020.9.5

2021.9.25

コシオガマ

小塩窯　ハマウツボ科
Phtheirospermum japonicum

半寄生の1年草。全草に腺毛があり粘る。葉は対生し、羽状に深く切れ込む。上部の葉腋に淡紅色の花をつけ、花冠上唇は2浅裂、下唇は広がり3裂する。

花期：9～10月
高さ：20～70cm
環境：草地
分布：山麓～中標高地にやや少

2021.9.24

シオガマギク

塩窯菊　ハマウツボ科
Pedicularis resupinata* subsp. *oppositifolia

半寄生の多年草。葉は茎全体につき、狭卵形で縁にはそろった重鋸歯がある。花は横向きに咲き、下唇は広がり、上唇は嘴状。神奈川RDBでは絶滅危惧Ⅱ類。

花期：8～10月　高さ：25～60cm
環境：草地や林縁
分布：中標高地～高地にやや少

2015.9.16

ハンカイシオガマ

樊噲塩窯　ハマウツボ科
Pedicularis gloriosa

半寄生の多年草。葉は茎の基部に集まり、羽状に分裂する。長い花茎を伸ばし、その先に花穂をつける。花冠は淡紅色で長さ2.5～3cm、下唇は3裂して広がる。

花期：8～10月　高さ：30～90cm
環境：林縁や明るい樹林内
分布：高地にやや少
【フォッサ・マグナ要素】

タチコゴメグサ

立小米草　ハマウツボ科
Euphrasia maximowiczii

半寄生の１年草。茎は直立し、上部で枝を分ける。葉は対生し柄はなく、葉身は卵形で２～６対の刺状に尖った鋸歯がある。萼は深く２中裂して左右に分かれ、それぞれがさらに２浅裂する。花冠は長さ５～６mm。神奈川RDBでは絶滅危惧ⅠA類。

花期：8～10月
高さ：10～30cm
環境：丈の低い草地や芝地
分布：中標高域～高地に稀

1983.9.23

イズコゴメグサ

伊豆小米草　ハマウツボ科
Euphrasia insignis* subsp. *iinumae* var. *idzuensis

半寄生の１年草。葉は対生し柄はなく、葉身は卵形で２～６対の鋸歯があり、鋸歯の先は刺状には伸びない。萼は等しく４中裂する。花冠は大きく、長さ12mmに達する。国RDBでは絶滅危惧ⅠB類、神奈川RDBでは絶滅危惧ⅠA類。

花期：9～10月　高さ：10～30cm
環境：丈の低い草地や芝地
分布：南部の中標高域に稀
【フォッサ・マグナ要素】

2008.10.8

2008.10.8

ツルニンジン

蔓人参　キキョウ科

Codonopsis lanceolata

別名ジイソブ。つる性の多年草。傷つけると乳液が出て悪臭がある。側枝の葉は3～4個が接近して輪生状、先は尖り両面ほぼ無毛。花冠は広鐘形で外面は緑白色、内面は紫褐色の斑点がある。種子は片側に広い翼がある。

花期：8～10月
高さ：低木に登る
環境：林縁
分布：全域に多

イワシャジン

岩沙参　キキョウ科

Adenophora takedae

多年草。茎は細く、岩から下垂する。根生葉は円形～楕円形で柄があり、茎葉は互生し、披針形～広線形。萼裂片は線形で、小刺状の鋸歯が疎らにある。花冠は長さ1.5～2.5cm、花柱は突き出ない。丹沢には多産するが、箱根では産地が限られる。

花期：9～10月
高さ：30～70cm
環境：湿った岩場
分布：金時山に少
【フォッサ・マグナ要素】

ツリガネニンジン

釣鐘人参　キキョウ科

Adenophora triphylla* var. *japonica

多年草。茎葉はふつう輪生するが、ときにずれ、長楕円形で鋸歯縁。花は輪生する枝先に下向きにつける。萼裂片は線形で腺に終わる鋸歯がある。花冠は鐘形で青紫色または淡紫色、花柱は花冠からやや突き出る。

花期：8～10月
高さ：40～100cm
環境：草地や林縁
分布：山麓～中標高地に多

2005.9.9

サワギキョウ

沢桔梗　キキョウ科

Lobelia sessilifolia

多年草。葉は互生、披針形で柄はなく、縁に細かい鋸歯がある。細長い総状花序に濃紫色花を多数つける。花冠は唇形で5裂し、上側の2片は左右に開出。雄しべは合着して筒状になり、花柱が貫く。神奈川RDBでは絶滅危惧ⅠB類。

花期：9～10月
高さ：50～100cm
環境：湿地
分布：仙石原に多

2014.9.24

2005.10.3

オトコエシ

男郎花　スイカズラ科
Patrinia villosa

多年草。葉は対生し、羽状に深裂し、茎と共に毛が多い。茎頂の集散花序に白色の小さな花を多数つける。子房の下に小苞があり、花後に果実を取り巻き、団扇状の翼になる。標本や花を活けた水は悪臭がある。

花期：8～10月
高さ：60～100cm
環境：草地や林縁
分布：全域に多

2006.9.9

オミナエシ

女郎花　スイカズラ科
Patrinia scabiosifolia

多年草。葉は対生し、羽状に分裂する。茎頂の集散花序に黄色の小さい花をつける。花冠は短い筒部があり、先は5裂し、径4mm。果実は扁平な長楕円形で翼はない。秋の七草の1つ。

花期：8～10月
高さ：60～100cm
環境：草地や林縁
分布：中標高地にやや少

ナベナ

鍋菜　スイカズラ科

Dipsacus japonicus

越年草。茎には刺状の剛毛がある。葉は対生し、羽状に分裂。頭花は径2cmほどの球形、花床の鱗片は緑色で刺状、基部には線形で反曲した総苞片がある。花冠は筒状で先は4裂し、4個の雄しべが突き出る。神奈川RDBでは絶滅危惧Ⅱ類。

花期：8～9月
高さ：1～2m
環境：草地や林縁
分布：山麓に稀

2015.9.20

ソナレマツムシソウ

磯馴松虫草　スイカズラ科

Scabiosa japonica* var. *lasiophylla

別名アシタカマツムシソウ。1稔性の多年草または短命な多年草。根生葉は羽状に分裂。マツムシソウの変種で海岸風衝地から箱根や愛鷹山の風衝地に分布し、丈が低く、葉が厚い。明確に区別できるか不明。国・神奈川ともにRDBは絶滅危惧Ⅱ類。

花期：8～10月
高さ：10～30cm
環境：芝地や崩壊地
分布：全域にやや少
【フォッサ・マグナ要素】

2006.10.8

2005.10.3

ウド

独活　ウコギ科
Aralia cordata

大型の多年草。全草に粗い毛があり、葉は2回羽状複葉。枝先の花序は両性花、側花序は雄花をつけるので、枝先の花序のみが黒く熟す。芽出しは山菜になる。

花期：9～10月
高さ：1～1.5m
環境：林縁
分布：全域に多

1995.10.21

オオバチドメ

大葉血止　ウコギ科
Hydrocotyle javanica

多年草。基部は地をはい、花をつける枝は立ち上がる。葉身は円心形で径3～8cm、縁は浅く切れ込み、裂片は低3角形。葉柄や花柄に縮れた短毛がある。

花期：8～11月
高さ：10～20cm
環境：林縁
分布：東部～南部の山麓にやや少

2015.9.11

イワニンジン

岩人参　セリ科
Angelica hakonensis

多年草。葉は2～3回3出羽状複葉で、葉柄基部は袋状に膨らむ。小葉は縁に粗い重鋸歯がある。大散形花序の柄は長さが不揃いで毛状突起を密生する。

花期：8～10月　高さ：30～80cm
環境：草地、岩場、明るい樹林内など
分布：中標高地～高地に多
【箱根が基準産地】
【フォッサ・マグナ要素】

ムカゴニンジン

零余子人参　セリ科

Sium ninsi

多年草。葉は3小葉または5小葉からなり、下方のものは小葉の幅が広く、上方では細くなる。秋に葉腋にむかごをつける。神奈川RDBでは絶滅危惧IA類。

花期：9～10月　高さ：30～80cm
環境：湿地や流水縁
分布：中標高地に稀

葉　2016.9.6

花序　2016.9.6

2016.9.6

ミヤマニンジン

深山人参　セリ科

Ostericum florentii

多年草。葉は2～3回羽状複葉で小葉は細かく切れ込み、裂片は線形で縁に微小突起がある。散形花序の基部には線形の苞葉があり、白色の小さい花を多数つける。果実は膜質の広い翼があり、長さ5～6mm、幅約5mm。

花期：8～10月　高さ：10～30cm
環境：草地や明るい樹林内
分布：高地に少
【箱根が基準産地の一つ】
【フォッサ・マグナ要素】

花序　2022.10.11

2022.10.11

秋のマメ科植物

マメ科植物は豆果と呼ばれる特徴的な果実をつける。豆果は1心皮（雌しべを作る葉）に由来する果皮（莢）と、それに包まれた種子（豆）からなる。花は蝶形花で5個の花弁は、雄しべ群と雌しべを包む2個の竜骨弁、それを左右から挟む2個の翼弁、上側にあって大型な旗弁からなる。雄しべは10本で多くは9本が合着する。萼筒は先端が切れ込んで萼歯となる。葉は互生し、3出複葉や羽状複葉をもつものが多い。根には根粒菌が共生し、空気中の窒素を利用することができる。夏の終わりから秋にかけて開花するものが多いので、秋のマメ科植物としてまとめたが、ミヤコグサとコマツナギは夏の草本として取り上げた。

2020.9.21

ヤブマメ

藪豆　マメ科

Amphicarpaea edgeworthii

つる性の1年草。花は淡紫色で長さ1.5～2cm。豆果は扁平で3種子を入れる。秋に茎の基部からつるを伸ばし、閉鎖花をつけ、地中に1種子の入った豆果をつける。

花期：8～10月
高さ：低木に登る
環境：路傍や林縁
分布：全域に多

2001.8.29

果実　1996.10.12

ノササゲ

野ささげ　マメ科

Dumasia truncata

つる性の多年草。小葉は3個、質が薄く下面は白色を帯びる。花は黄色、萼は筒状で裂片はない。豆果は淡紫色、はじけても黒い種子は落ちない。

花期：8～9月
高さ：亜高木に登る
環境：林縁や明るい樹林内
分布：山麓～中標高地に多

ヌスビトハギ

盗人萩　マメ科

Hylodesmum podocarpum* subsp. *oxyphyllum* var. *japonicum

多年草。葉は茎全体につき、3小葉からなり、頂小葉は菱状卵形〜卵形。細長い花序に淡紅色花を疎らにつける。豆果は半月形で表面に細かい鉤毛があり動物や衣服に付着する。

花期：7〜9月　高さ：60〜120cm
環境：路傍や林縁
分布：山麓〜中標高地に多

2020.9.21

ヤブハギ

藪萩　マメ科

Hylodesmum podocarpum* subsp. *oxyphyllum* var. *mandshuricum

ヌスビトハギの変種で、日陰に生え、全体に毛が少なく、葉は茎の中央に集まってつく。

花期：7〜9月
高さ：30〜60cm
環境：湿った樹林内
分布：山麓〜中標高地に多

2020.8.17

ネコハギ

猫萩　マメ科

Lespedeza pilosa

匍匐する多年草。全体に開出した軟毛が多い。葉は3小葉からなり、小葉は楕円形で長さ1〜2cm。花序は短く、花は白色。茎の先端に閉鎖花をつける。

花期：7〜9月
高さ：10〜30cm（長さ1m）
環境：草地や林縁
分布：山麓〜中標高地に多

2022.9.10

2020.8.24

マルバハギ

丸葉萩　マメ科

Lespedeza cyrtobotrya

落葉小低木。小葉は倒卵形で先はやや凹み、上面無毛、下面には圧毛が生える。花序は基部の葉より短く、花が目立たない。萼裂片の先は針状に尖る。

花期：8〜10月
高さ：1〜2m
環境：草地や林縁
分布：山麓〜中標高地に多

2022.9.10

ヤマハギ

山萩　マメ科

Lespedeza bicolor

落葉小低木。小葉は楕円形でやや円頭、上面はほとんど無毛、下面には圧毛がある。花序は基部の葉よりも長い。花は紅紫色で、萼裂片は鈍頭〜鋭頭。

花期：8〜10月
高さ：1〜2m
環境：草地や林縁
分布：山麓〜中標高地に多

2022.9.10

メドハギ

筮萩　マメ科

Lespedeza cuneata* var. *cuneata

直立する多年草。葉は茎に密に互生する。小葉は倒披針形〜広線形、基部はくさび形、先は切形または少し凹む。花弁のある花と花弁の無い閉鎖花をつける。

花期：8〜10月
高さ：60〜100cm
環境：草地や林縁
分布：山麓〜中標高地に多

ハイメドハギ

這箆萩　マメ科

Lespedeza cuneata* var. *serpens

メドハギの変種で茎は匍匐する。花や葉はメドハギとほとんど同じであるが、葉は少し幅広く、花は紫色部分が多い傾向がある。

花期：8～10月
高さ：5～20cm
環境：芝地
分布：山麓～中標高地に多

2005.9.9

ツルフジバカマ

蔓藤袴　マメ科

Vicia amoena

つる性の多年草。葉は羽状複葉で柄はほとんどなく、先端は巻きひげになる。小葉は5対以上あり、長楕円形で細毛があり、側脈は30度以内の狭い角度で分岐する。

花期：8～10月
高さ：80～180cm
環境：草地や林縁
分布：山麓～中標高地にやや少

2021.9.11

ナンテンハギ

南天萩　マメ科

Vicia unijuga

別名フタバハギ。多年草。茎は直立。小葉は1対で葉軸の先端に巻きひげはない。葉腋から出る総状花序に青紫色花をつけ、苞は長さ1mmで開花すると直ぐに落ちる。

花期：7～10月
高さ：30～100cm
環境：草地や林縁
分布：山麓～中標高地にやや少

2020.10.6

秋のシソ科植物

茎は断面が4角形のものが多く、葉は対生する。茎や葉に精油を含み、腺点があり香りのある種類が多い。花序は頂生または腋生の集散花序が基本で、花序の枝が短縮して花が輪生状について花輪となり、それが数段連なって花穂をつくることもある。萼や花冠は筒状で先が2唇形のものが多い。秋に開花するものが多いので、秋のシソ科植物としてまとめたが、夏から秋に開花するものも多いので、夏の後ろ、秋の後ろににそれぞれのシソ科植物をまとめた。夏から秋まで咲き続けるものもあり、絵合わせにあたっては夏のシソ科植物（114 ～ 119 ページ）も参照して欲しい。

2020.10.6

キバナアキギリ

黄花秋桐　シソ科

Salvia nipponica

多年草。茎や葉柄に開出した軟毛が生える。花冠は淡黄色で上唇は前方に長く伸び、その先から花柱が突き出る。萼は花後に1.5 倍くらい大きくなる。

花期：8 ～ 10 月
高さ：20 ～ 40cm
環境：湿った樹林内
分布：中標高地に多

2020.9.28　2021.10.20

ヤマハッカ

山薄荷　シソ科

Isodon inflexus

多年草。葉は3角状卵形で基部は柄の翼に続く。萼はほぼ等しく5裂する。花冠は長さ6 ～ 7mm、上唇内面に濃紫色の斑点があり、雄しべと雌しべは下唇より短い。

花期：9 ～ 10 月　高さ：40 ～ 100cm
環境：草地や林縁
分布：山麓～中標高地に多

ヒキオコシ

引起こし　シソ科

Isodon japonicus

多年草。茎には短毛が密生する。葉は卵形で基部はしだいに狭くなる。花冠は淡紫色で長さ5～6mm、上唇に濃紫色の斑点があり、雌しべは下唇より突出る。

花期：9～10月
高さ：50～100cm
環境：草地や林縁
分布：中標高地に少

2021.10.20

2021.10.20

セキヤノアキチョウジ

関谷の秋丁字　シソ科

Isodon effusus

多年草。葉は長楕円形～披針形で先は尖る。萼は2唇形で上唇は3裂し、2裂する下唇より短い。花冠は青紫色で長さ16～20mm、他のヤマハッカ属に比べて筒部が著しく長い。

花期：9～11月　高さ：70～100cm
環境：林縁や樹林内
分布：中標高地に少
【箱根が基準産地】

2022.10.1

タカクマヒキオコシ

高隈引起こし　シソ科

Isodon shikokianus
var. *intermedius*

多年草。葉は披針形で長さ3～10cm。苞葉は長楕円形～広披針形で全縁。萼歯の先端は短く突出。花冠は青紫色で長さ8～10mm。神奈川RDBでは絶滅危惧ⅠB類。

花期：8～10月　高さ：50～80cm
環境：湿った林縁や樹林内
分布：仙石原には多

2019.9.19

2021.9.25

2021.9.13

イヌヤマハッカ

犬山薄荷　シソ科

Isodon umbrosus* var. *umbrosus

多年草。葉は長楕円形～卵形。苞葉は卵形で低鋸歯がある。萼歯の先は鋭形。花冠上唇に濃紫色の斑点がない。地方により葉形に変化があり、丹沢、箱根、伊豆半島は本変種の分布域。

花期：9～10月　高さ：50～80cm
環境：林縁や樹林内
分布：高地に多
【箱根が基準産地】
【フォッサ・マグナ要素】

2021.9.13

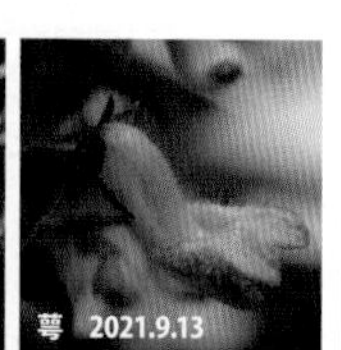
萼　2021.9.13

2020.9.28

ヤマジソ

山紫蘇　シソ科

Mosla japonica

1年草。全草に香りがあり、開出する白短毛がある。苞葉は卵形で花柄よりも長く、花が目立たない。国RDBでは準絶滅危惧、神奈川RDBでは絶滅危惧Ⅱ類。

花期：9～10月
高さ：10～40cm
環境：砂礫地や裸地
分布：中標高地～高地にやや稀

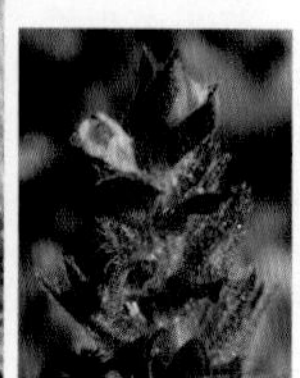
2020.9.28

イヌコウジュ

犬香需　シソ科

Mosla scabra

1年草。ヒメジソやシラゲヒメジソなど、よく似た種類があるが、本種の茎には稜と面に下向きの細毛が密生し、花序の軸に開出毛が多いことで区別できる。葉は狭卵形〜卵形で下面に目立つ腺点がある。

花期：9〜10月
高さ：20〜60cm
環境：路傍や草地
分布：山麓〜中標高地に多

花序　2020.10.6

2005.10.3

ヒメジソ

姫紫蘇　シソ科

Mosla dianthera

1年草。茎は無毛または疎らに毛があり、縮毛が密生することはない。葉は4〜6対の鋸歯があり、上面は無毛。萼筒は花時に長さ2〜3mm、果時には長さ5mmになる。

花期：9〜10月
高さ：20〜60cm
環境：路傍や草地
分布：山麓〜中標高地に多

花序　2014.9.24

2014.9.24

2022.9.22

シラゲヒメジソ

白毛姫紫蘇　シソ科
Mosla hirta

1年草。茎や葉に白色長軟毛が生える。葉は対生し、卵形で6〜11対の鋸歯があり、上面に明らかな毛がある。箱根では前2種に比べて稀である。

花期：9〜10月
高さ：20〜60cm
環境：路傍や草地
分布：南部に稀

葉　2022.9.22

2021.9.11

ヒメシロネ

姫白根　シソ科
Lycopus maackianus

多年草。葉は対生し、狭長楕円形または線状披針形で長さ4〜8cm、基部はくさび形にならず、先は尖り、縁には鋭鋸歯がある。葉腋に白色花をかたまってつけ、花冠は長さ約5mm。

花期：8〜10月　高さ：30〜70cm
環境：湿地
分布：中標高地に少いが、仙石原には多産

2021.9.11

コシロネ

小白根　シソ科

Lycopus cavaleriei

別名ヒメサルダヒコ。多年草。茎は節を除いてほとんど無毛。葉は対生し、卵形または菱状長卵形、縁には先の鈍い粗い鋸歯がある。葉腋に白色花を密につけ、萼歯は先が尖り、花冠は長さ約3mm。

花期：9～11月
高さ：10～60cm
環境：湿地
分布：中標高地に少

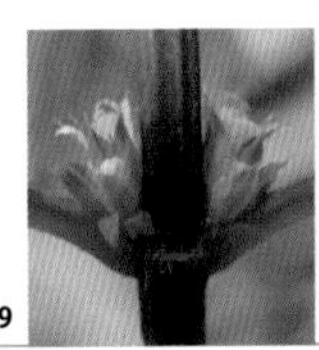
2021.10.9

2021.10.9

エゾシロネ

蝦夷白根　シソ科

Lycopus uniflorus

多年草。茎は全体に細毛がある。葉は菱状長卵形で、縁には粗い鈍鋸歯がある。葉腋に白色花を密生し、萼歯は先が鈍い。分果の先端は不規則な突起になる。神奈川RDBでは絶滅危惧IB類。

花期：9～10月
高さ：20～40cm
環境：湿地
分布：中標高地に稀

果実　2021.10.9

2021.9.11

2021.9.11

2021.10.9

ナギナタコウジュ

薙刀香需　シソ科
Elsholtzia ciliata

1年草。全草に強い香りがある。葉は卵形で鋸歯縁。花穂は一方に偏って花をつけ、苞は偏円形で中央付近がもっとも幅広く、外面は縁に短い毛がある。

苞　2021.10.9

花期：9～10月
高さ：15～60cm
環境：路傍や林縁
分布：山麓～中標高地に多

2020.10.25

フトボナギナタコウジュ

太穂薙刀香需　シソ科
Elsholtzia nipponica

1年草。ナギナタコウジュに似ているが、葉は少し幅広く、鋸歯がやや鋭い傾向がある。花穂は太く、苞は中央よりも先が幅広く、縁には長い毛がある。

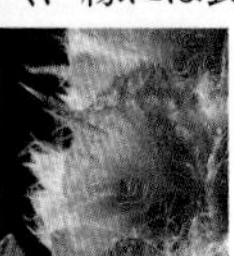
苞　2020.11.13

花期：9～11月
高さ：30～80cm
環境：路傍や林縁
分布：山麓に多

2020.10.12

テンニンソウ

天人草　シソ科
Comanthosphace japonica

多年草。葉は長楕円形で鋸歯縁。茎頂に密な花穂をつける。花冠は淡黄色で4個の雄しべのうち2個が長く、雌しべとともに花冠から突きでる。

花期：9～10月
高さ：50～100cm
環境：林縁や樹林内
分布：全域に多

トラノオジソ

虎の尾紫蘇　シソ科
Perilla hirtella

1年草。次種に似るが、茎にはやや縮れた短毛が密生し、葉身の縁には基部まで明らかな鋸歯がある。

花期：9～11月
高さ：50～90cm
環境：林縁や樹林内
分布：南部に稀

2005.10.3

レモンエゴマ

檸檬荏胡麻　シソ科
Perilla citriodora

1年草。シソに似るが、葉をもむとレモンの香りがあり、茎の中下部に下向きの短毛が密生する。葉は卵形で葉身の基部に鋸歯のない部分がある。

花期：8～10月
高さ：50～90cm
環境：路傍や草地
分布：山麓～中標高地に多

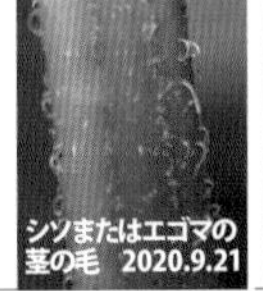
シソまたはエゴマの茎の毛　2020.9.21

レモンエゴマの茎の毛　2020.9.21

2005.10.3

タニジャコウソウ

谷麝香草　シソ科
Chelonopsis longipes

多年草。葉は2列に対生し、先は尖り、基部は細くなって耳状の心形。葉腋に暗紅紫色花を1～3花つけ、花柄は葉柄よりも長い。萼は鐘形で花後に球状に膨れる。

花期：8～10月　高さ：60～100cm
環境：湿った樹林内
分布：南部の山麓にやや稀

2021.10.4

秋のキク科植物

キク科植物で１つの花に見えるものは、小さな花が頭状に集まった花序でこれを頭花と呼んでいる。萼に見えるものは総苞で、総苞片は数個が１列に並ぶものから、数列に多数が並んだものまである。頭花の周辺部にあって花弁のように見えるのが１つの花（小花）で、花冠の一方が舌状に伸びているので舌状花と呼ぶ。頭花の中央付近には筒状で先が５裂した小花があり、これを筒状花と呼ぶ。タンポポ亜科の頭花は両性の舌状花のみからなる。その他のキク科植物の頭花は周辺部に舌状花、中央部に筒状花があるか、筒状花のみからなり、両性のものも単性のものもある。果実は瘦果、上部に萼が変化した冠毛があるが、ときに冠毛が退化してないものもある。

リュウノウギクやノコンギクなどの野菊は山の秋の最後を飾る。秋に花が咲くキク科植物は多いので、秋のキク科植物としてまとめた。しかし、箱根では夏に花が咲くキク科植物も多数あり、夏のキク科としても纏めざるを得なかった。夏か秋か迷うものもあるので、絵合わせにあたっては夏のキク科（120 ～ 125 ページ）も参照して欲しい。

2020.10.6

ノブキ

野蕗　キク科

Adenocaulon himalaicum

多年草。葉は茎の下部に集まり、柄は長く翼があり、葉身の下面は綿毛で白色。頭花は周辺に雌花、中央に両性花があるが、両性花は結実しない。瘦果はこん棒状で冠毛を欠き、突起毛の先から粘液を分泌し、人や動物に粘着して運ばれる。

花期：8 ～ 10 月
高さ：40 ～ 100cm
環境：樹林内の路傍
分布：山麓 ~ 中標高地に多

2020.10.6

果実　2020.10.6

ナガバノコウヤボウキ

長葉高野箒　キク科

Pertya glabrescens

小型の落葉低木。枝や葉のつけ方などはコウヤボウキ*P. scandens* によく似るが、葉はやや硬くほとんど無毛。頭花は2年目の枝の短枝の先につき、その基部には輪生状に葉がある。冬芽は数個の芽鱗が見える。

花期：9～10月
高さ：60～100cm
環境：林縁や樹林内
分布：中標高地～高地に多

コウヤボウキの頭花　2021.10.20

2015.8.7

オクモミジハグマ

奥紅葉白熊　キク科

Ainsliaea acerifolia* var. *subapoda

多年草。茎は枝を分けず、葉は茎の中部に輪生状につけ、掌状に浅く5～7裂する。頭花は穂状花序に横向きに開出してつけ、3個の筒状花をつける。筒状花の先は5裂し、裂片は片側に偏ってよじれる。

花期：9～10月
高さ：40～80cm
環境：樹林内
分布：北部の高地に少

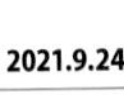

2021.9.24

2015.9.16

2020.11.4

キッコウハグマ

亀甲白熊　キク科

Ainsliaea apiculata

多年草。葉は茎の基部に集まり、長い柄があり、葉身は5角形。穂状花序に多数の頭花をつけるが、多くは閉鎖花で開花しない。頭花には3個の筒状花があり、白色で5個の裂片は片側に偏り線形で先が曲がる。

花期：9～10月
高さ：10～30cm
環境：樹林内
分布：全域に多

2020.11.4

1997.10.3

テイショウソウ

キク科

Ainsliaea cordifolia

多年草。葉は根生し、葉柄は葉身よりも短い。葉身は卵形で基部はほこ型で心形、上面に淡色の模様が出ることがある。花序の一方に偏って頭花をつける。頭花には3個の筒状花があり、その先は5深裂する。神奈川RDBでは絶滅。

花期：9～10月
高さ：30～60cm
環境：乾いた樹林内
分布：静岡県側に稀

オケラ

朮　キク科

Atractylodes ovata

多年草。茎葉は互生し、下方のものは羽状に３～５裂する。魚の骨のような針状の苞葉が頭花を取り巻く。雌雄異株。小花は白～淡紅色の筒状花で雌雄とも同形。

花期：9～10 月
高さ：30～100cm
環境：乾いた明るい樹林内や林縁
分布：南部の山麓に稀

オヤマボクチ

雄山火口　キク科

Synurus pungens

多年草。葉は根生および互生し、下面は綿毛があって白色、葉身基部は横に張り出さない。茎は中部で枝を分けて斜上し、枝先に黒紫色の大きな頭花をつける。

花期：9～10 月
高さ：60～150cm
環境：林縁
分布：北部の高地にやや多

ハバヤマボクチ

葉場山火口　キク科

Synurus excelsus

多年草。茎は上部までまっすぐに直立する。葉は根生および互生し、３角状卵形で基部はほこ形に強く張り出し、下面は綿毛があって白色。神奈川 RDB では絶滅危惧ＩＢ類。

花期：9～10 月
高さ：1～2 m
環境：草原
分布：中標高地に少

2014.9.24

ミヤコアザミ

都薊　キク科

Saussurea maximowiczii

多年草。葉は披針形～長楕円形で羽状に深裂。散房状に多数の頭花をつける。総苞は筒状で長さ10～14mm、幅4～5mm。総苞片は6～8列、卵形で直立し、先は鈍い。神奈川RDBでは絶滅危惧II類。

花期：9～10月
高さ：50～150cm
環境：草原
分布：中標高地に少

2014.9.24

1997.10.5

キクアザミ

菊薊　キク科

Saussurea ussuriensis

多年草。葉は卵形、縁は3～7中裂する。散房状に多数の頭花をつけ、総苞は筒状で長さ10～12mm、幅4～5mm。総苞片は6～8列、卵形、外片は短く、先は急に尖る。神奈川RDBでは絶滅危惧IB類。

花期：9～10月
高さ：30～120cm
環境：林縁や明るい樹林内
分布：中標高地に稀

タンザワヒゴタイ

丹沢平江帯　キク科

Saussurea hisauchii

多年草。葉は卵形で鋸歯縁、縁に深い切れ込みが入ることはない。茎には狭い翼がある。疎らな散房花序に数個～10数個の頭花をつける。総苞は長さ12～14mm、幅5～7mm、総苞外片は3角形で鋭頭、直立する。

花期：8～9月　高さ：30～80cm
環境：岩場
分布：金時山周辺の高地にやや少
【フォッサ・マグナ要素】

2015.9.16

2015.9.16

キントキヒゴタイ

金時平江帯　キク科

Saussurea sawadae

多年草。葉は卵形で鋸歯縁、ときに深い切れ込みがある。総状または散房状に数個～10数個の頭花をつける。総苞は長さ13～15mm、幅8～10mm、総苞外片は鋭頭、先は反曲または斜上する。神奈川RDBでは絶滅危惧II類。

花期：9～10月　高さ：30～80cm
環境：草地や林縁
分布：中標高地～高地にやや少
【箱根が基準産地】
【フォッサ・マグナ要素】

2021.10.11

2021.10.11

2019.9.19

タムラソウ

田村草　キク科

Serratula coronata* subsp. *insularis

多年草。茎は稜があり有毛。葉は互生し、羽状に6～7深裂。総苞は鐘形、総苞片は瓦状に並ぶ。遠目にはアザミ属に見えるが葉に刺がなく、冠毛は剛毛状。

花期：8～10月
高さ：30～140cm
環境：草地や林縁
分布：中標高地にやや少

2006.10.8

フジアザミ

富士薊　キク科

Cirsium purpuratum

多年草。全体に鋭い刺がある。根生葉は花時にもあり、長さ50～70cm。頭花は下向きに咲き、総苞は扁球形で径6～8cm、総苞片は反り返り、縁に鋸歯状に刺がある。

花期：8～10月　高さ：40～100cm
環境：崩壊地　分布：金時山や明神ヶ岳とその周辺に多
【フォッサ・マグナ要素】

2021.9.11

キセルアザミ

煙管薊　キク科

Cirsium sieboldii

別名マアザミ。多年草。茎や葉には蜘蛛の巣状の毛が多い。根生葉は花時にも残る。頭花は下向きに開花するが、花後に上を向く。神奈川RDBでは絶滅危惧ⅠA類。

花期：9～10月
高さ：40～120cm
環境：湿原や樹林内の湿地
分布：仙石原に多

タイアザミ

大薊　キク科

Cirsium comosum **var.** ***incomptum***

別名トネアザミ（利根薊）。多年草。花期に根生葉はない。茎葉は羽状に浅〜深裂し、太く鋭い刺がある。頭花は柄があり直立または横向きに咲く。総苞は筒形〜鐘形で総苞片は8〜9列、先は開出または反り返る。

花期：9〜11月
高さ：60〜150cm
環境：路傍、草地、林縁など
分布：全域に多

2020.9.28

2020.9.28

ハコネアザミ

箱根薊　キク科

Cirsium comosum **var.** ***sawadae***

駒ヶ岳や外輪山などの風衝草地に生え、葉や頭花がきわめて密生するもの。最近はタイアザミと区別されないことが多いが、駒ヶ岳などで目に付くので紹介した。

花期：9〜11月
高さ：60〜80cm
環境：風衝草地
分布：駒ヶ岳や外輪山に多
【箱根が基準産地】

2021.9.13

2020.9.14

ホソエノアザミ

細柄野薊　キク科

Cirsium tenuipedunculatum

多年草。花期に根生葉はない。茎葉は羽状に深裂し、鋭い刺が著しく、先端は尾状に尖る。頭花は短くて細い柄があり、総苞は狭筒形で長さ15～18mm、総苞片は開出し、先は鋭い刺状で反り返る。

花期：9～10月　高さ：60～120cm
環境：林縁や明るい樹林内
分布：高地にやや多

【フォッサ・マグナ要素】

2020.9.14

2020.9.21

アズマヤマアザミ

東山薊　キク科

Cirsium microspicatum

多年草。花期に根生葉はない。頭花はほとんど無柄で斜上または直立して開き、総苞は円筒形～狭筒形で、総苞片は短く直立し、粘着せず先は小刺針になる。

花期：9～11月
高さ：1～1.5m
環境：林縁や明るい樹林内
分布：中標高地に多

2020.9.21

フクオウソウ

福王草　キク科

Nabalus acerifolius

多年草。葉は茎の下部に集まってつき、翼のある柄があり、葉身は卵心形で掌状に5～7裂する。疎らな円錐花序に多数の頭花を下向きにつける。総苞は長さ1～1.2cm、舌状花は9～13個あり、淡紫白色。

花期：9～10月
高さ：30～80cm
環境：樹林内
分布：高地にやや少

2021.9.24

2004.9.28

ヤクシソウ

薬師草　キク科

Crepidiastrum denticulatum

越年草。全草無毛で折ると乳液が出る。根生葉はさじ形で花時には枯れる。茎はよく分枝し、葉は互生し基部は耳状になって茎を抱く。頭花は黄色で径1.5cm、13～15個の舌状花があり、花後に下を向く。

花期：9～11月
高さ：20～120cm
環境：路傍や林縁
分布：山麓～中標高地に多

2020.10.25

2020.10.25

2020.10.25

モミジガサ

紅葉傘　キク科

Parasenecio delphiniifolius

多年草。葉は互生し、長い柄があり、掌状に5～7裂し、乾いて細脈は隆起しない。頭花は5個の両性の筒状花からなり、総苞は筒状で5片が1列、長さ8～9mm。

花期：8～9月
高さ：50～80cm
環境：湿った樹林内
分布：全域に多

2021.7.19

テバコモミジガサ

手箱紅葉傘　キク科

Parasenecio tebakoensis

モミジガサに似ているが、全体に小型で、長い地下茎があり、乾いたときに細脈は下面に隆起する。総苞は長さ5～6mmでやや小さい。和名は高知県の手箱山にちなむ。

花期：8～9月
高さ：20～80cm
環境：湿った樹林内
分布：高地に多

2010.10.3

イズカニコウモリ

伊豆蟹蝙蝠　キク科

Parasenecio amagiensis

根生葉には長い柄がある。茎葉はふつう2個あり、腎形で基部は心形、縁には不規則な鋸歯があり、葉柄基部は鞘状になる。国RDBでは絶滅危惧Ⅱ類、神奈川RDBでは絶滅危惧ⅠB類。

花期：9～10月　高さ：40～60cm
環境：湿った樹林内
分布：南部に少
【フォッサ・マグナ要素】

ハンゴンソウ

反魂草　キク科

Senecio cannabifolius

多年草。茎は分枝せずに直立し、多数の葉を互生する。葉は羽状に3～7深裂する。頭花は黄色で径約2cm、舌状花は4～7個ある。神奈川RDBでは絶滅危惧Ⅱ類。

花期：8～9月
高さ：1～2m
環境：湿った草地や林縁
分布：中標高地～高地にやや少

2022.9.10

キオン

黄苑　キク科

Senecio nemorensis

多年草。茎は分枝せずに直立し、多数の葉を互生する。葉は披針形で分裂しない。頭花は黄色で径約2cm、舌状花はふつう5個ある。神奈川RDBでは準絶滅危惧。

花期：8～9月
高さ：50～100cm
環境：草地や林縁
分布：高地にやや少

2005.8.31

アキノキリンソウ

秋の麒麟草　キク科

Solidago virgaurea* subsp. *asiatica

多年草。茎葉は互生し、卵状披針形で基部は翼のある柄に繋がる。頭花は黄色で径6～10mm、舌状花は雌性で周辺に1列、中心に両性の筒状花がある。

花期：9～11月
高さ：30～80cm
環境：草地や林縁
分布：全域に多

2020.10.25

2020.9.21

シュウブンソウ

秋分草　キク科

Aster verticillatus

多年草。主茎は夏に成長を止め、水平に枝を広げ、その葉腋につく短枝に頭花をつける。頭花は径4～5mm、外側の2列は短い白色舌状の雌花、中央に淡黄緑色で両性の筒状花をつける。痩果に冠毛はない。

花期：9～10月
高さ：50～100cm
環境：湿った樹林内や路傍
分布：中標高地に多

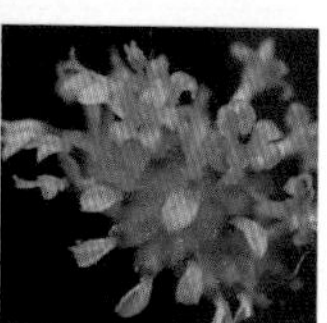
頭花　2022.8.30

2021.9.11

ユウガギク

柚香菊　キク科

Aster iinumae

多年草。葉は長楕円形でふつう羽状に深裂し、質が薄い。茎の上部は分枝して横に広がり、長い枝の先に頭花をつける。舌状花は白色。痩果は倒卵形で稜には剛毛が生え、冠毛はごく短く痕跡的。

花期：8～10月
高さ：40～120cm
環境：湿った草地
分布：山麓～中標高地に多

葉　2021.9.11

タテヤマギク

立山菊　キク科

Aster dimorphophyllus

多年草。茎は節で屈曲して直立。茎葉は互生、下方のものは柄があり、3角状卵心形で長さ3～3.5cm。頭花は径2.5～3cm、舌状花は7～8個。

花期：7～9月　高さ：20～50cm
環境：林縁や樹林内
分布：中標高地～高地に多
【箱根が基準産地】
【フォッサ・マグナ要素】

2015.8.1

シラヤマギク

白山菊　キク科

Aster scaber

多年草。根生葉と茎下部の葉は基部が心形、茎上部の葉は卵形、上面はざらつき、下面は帯白色。頭花は径2～2.5cm、舌状花は白色で5～10個。痩果の冠毛は長い。

花期：8～10月
高さ：80～150cm
環境：草地や林縁
分布：山麓～中標高地に多

2020.10.6

サワシロギク

沢白菊　キク科

Aster rugulosus

多年草。葉は線状披針形で縁には疎らに低い鋸歯がある。頭花は疎らにつき、径2～3cm、舌状花は白色でときに紅色を帯びる。神奈川RDBでは絶滅危惧IB類。

花期：8～10月
高さ：40～60cm
環境：湿原や湿った樹林内
分布：仙石原に多

2014.9.24

2022.10.8

ヒメシオン

姫紫苑　キク科
Aster fastigiatus

多年草。茎は分枝せず直立し、花時には根生葉は枯れる。茎葉はやや密に互生し、線状披針形で長さ5～12cm、下面に腺点がある。頭花は散房花序に密につき、径7～9mm、舌状花は白色。神奈川RDBでは絶滅危惧ⅠB類。

花期：9～10月
高さ：30～100cm
環境：湿った草地
分布：仙石原などに少

2005.8.31

ハコネギク

箱根菊　キク科
Aster viscidulus

別名ミヤマコンギク。多年草。茎は叢生し、短毛が密生する。根生葉は花時に枯れ、茎葉は互生し、卵状長楕円形で基部は茎を抱き、長さ4～7cm。頭花の雰囲気はノコンギクやシロヨメナ類に似るが、総苞が粘る。

花期：8～10月
高さ：20～50cm
環境：風衝草地や岩場
分布：高地に多
【箱根が基準産地】
【フォッサ・マグナ要素】

ノコンギク

野紺菊　キク科

Aster microcephalus* var. *ovatus

多年草。茎葉は両面に短毛が多くざらつき、基部やや上部から側脈が出て３行脈状。頭花は径約 2.5cm、舌状花は淡青紫色。痩果には冠毛がある。

花期：9 ～ 11 月
高さ：40 ～ 80cm
環境：草地や路傍
分布：全域に多

シロヨメナ

白嫁菜　キク科

Aster leiophyllus* var. *leiophyllus

多年草。茎葉は基部近くで急に幅が狭くなり、３脈が目立ち、先は長く尖り、基部は茎を抱かない。頭花は径 1.5 ～ 2cm、舌状花は白色。痩果には冠毛がある。

花期：9 ～ 11 月
高さ：40 ～ 100cm
環境：草地や林縁
分布：山麓～中標高地に多

キントキシロヨメナ

金時白嫁菜　キク科

Aster leiophyllus* var. *oligocephalus

別名カミヤマシロヨメナ。シロヨメナの変種でブナ帯の樹林内に生え、小型で全体に毛が多く、葉は茎の下部に集まり、花序は疎らに頭花をつける。

花期：9 ～ 11 月　高さ：40 ～ 100cm
環境：草地や林縁
分布：山麓～中標高地に多
【箱根が基準産地】
【フォッサ・マグナ要素】

リュウノウギク

竜脳菊　キク科

Chrysanthemum makinoi

多年草。全草に竜脳（ボルネオール）に似た香がある。葉は広卵形で3裂し、下面はT字状毛が密生して灰白色。頭花は径2.5〜5cm、舌状花は白色でときに淡紅色を帯び、中央の筒状花は黄色。痩果に冠毛はない。

2008.10.18

花期：10〜11月
高さ：40〜80cm
環境：乾いた草地や林縁
分布：全域に多

ヤブタバコ

藪煙草　キク科

Carpesium abrotanoides

越年草。茎下部の葉は上面にしわ状の凹凸が多く、基部は翼のある柄があり、下面には腺点がある。茎は50cmくらいで頭打ちになり、水平に枝を広げ、その葉腋に下向きに頭花をつける。

2020.9.21

花期：9〜10月
高さ：50〜100cm
環境：樹林内や林縁
分布：山麓〜中標高地に多

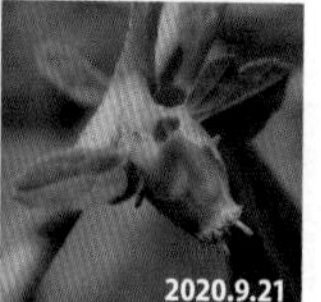
2020.9.21

サワヒヨドリ

沢鵯　キク科

Eupatorium lindleyanum* var. *lindleyanum

多年草。茎は直立し、縮れた毛が多い。葉は対生し、柄はほとんどなく、披針形で先は鈍く、3脈が目立ち、下面に腺点がある。散房花序は密に小さくまとまり、頭花は白色または紅色。神奈川RDBでは絶滅危惧IB類。

花期：8～10月
高さ：40～80cm
環境：湿った草地や林縁
分布：中標高地にやや少

2021.9.11

マルバフジバカマ

円葉藤袴　キク科

Ageratina altissima

北アメリカ原産の多年草。葉は長さ2～5cmの柄があり、葉身は卵形で長さ7～15cm、濃緑色でやや光沢がある。頭花は白色で15～25個の筒状花があり、総苞片は10個が1列に並ぶ。明治29年に強羅に帰化し、しだいに分布域を拡大している。

花期：9～10月
高さ：30～100cm
環境：樹林内
分布：山麓～中標高地に多

2020.9.28

2020.9.28

2020.10.25

オカダイコン

丘大根　キク科

Adenostemma madurense

多年草。葉は対生し、卵形～広卵形で大きく、粗く尖った鋸歯があり、茎の中部にかたまってつく傾向がある。大きく広がった散房花序に頭花を疎らにつける。総苞は長さ4～6mm。痩果は平滑で3～4個の棍棒状の冠毛がある。

花期：9～11月
高さ：40～100cm
環境：湿った樹林内
分布：南部や東部の山麓に少

2021.9.11

葉　2021.9.11

オオハンゴンソウ

大反魂草　キク科

Rudbeckia laciniata

北アメリカ原産の多年草。和名は羽状に深裂した葉がハンゴンソウ（179ページ）に似ているために名づけられた。花は径7～12cmあり、ハンゴンソウとは大きく異なる。特定外来種に指定され、積極的な駆除が行われ、著しく減少した。

花期：8～10月
高さ：50～200cm
環境：湿った草地や林縁
分布：箱根町域に少

メナモミ

雌なもみ　キク科

Sigesbeckia pubescens

1年草。茎と葉に密に長い毛がある。葉は対生し、3角状卵形。花柄や総苞片に腺毛がある。メナモミ属の頭花は黄色で先が3裂する舌状の雌花が数個あり、中央に両性の筒状花がある。痩果は長さ2.5～3.5mm。

花期：9～10月
高さ：60～120cm
環境：路傍や林縁
分布：山麓～中標高地に多

2022.10.1

コメナモミ

小雌なもみ　キク科

Sigesbeckia glabrescens

全体にメナモミに似るが、茎と葉は短毛が生え、花柄に有柄の腺はなく、痩果は小さく長さ約2mm。メナモミ属の花床の鱗片は痩果を包み、腺毛があって粘着して散布される。

花期：9～10月
高さ：35～100cm
環境：路傍や林縁
分布：山麓～中標高地に多

2020.10.25

2020.10.25

消えた植物

アツモリソウ、イチヨウラン、ズダヤクシュ、ヒメアカバナ、ムラサキ、ママコナ、ヒメヒゴタイ、セイタカトウヒレンなどは、箱根で採集された古い標本が博物館に残されているが、その後の記録がない植物である。これらの植物は1979年から続けられている神奈川県植物誌調査でも確認することができず、箱根からは消えた植物と考えて良い。

一方、ここで取りあげた5種は筆者が箱根で撮影したカラー写真があるもので、その後、撮影地では見つからなくなった植物である。最後の記録から20～30年たっているが、再発見される可能性がある。

1996.6.16

コキツネノボタン

小狐の牡丹　キンポウゲ科

Ranunculus chinensis

2年草～多年草。葉は1回3出複葉で小葉はさらに中～深裂する。集合果は花後に花床が伸びて長楕円形になる。神奈川RDBでは絶滅危惧ⅠA類。

花期：5～6月
高さ：25～60cm
環境：湿地
分布：中標高地

1998.7.22

セイタカスズムシソウ

背高鈴虫草　ラン科

Liparis japonica

夏緑の多年草。地上生で花はスズムシソウ（73ページ）に似るが、唇弁が小さく、長さ7～8mm、幅4.5～5.5mm。神奈川RDBでは絶滅危惧ⅠA類。

花期：6～7月
高さ：20～40cm
環境：ブナ帯の樹林内や林縁
分布：高地

コフタバラン

小双葉蘭　ラン科

Neottia cordata

夏緑の多年草。葉は2個を対生状につけ、3角状心形で先は鈍い。花は4～10個つけ緑黄色。神奈川RDBでは絶滅危惧ⅠA類。

花期：6～8月
高さ：10～20cm
環境：ブナ帯の樹林内
分布：高地

1995.7.9

アリドオシラン

蟻通蘭　ラン科

Myrmechis japonica

常緑の多年草。葉は広卵形で3～5個を互生する。花は1～3個を横向きにつけ、白色で半開する。神奈川RDBでは絶滅危惧ⅠA類。

花期：7～8月
高さ：5～10cm
環境：ブナ帯の林床のコケの間など
分布：高地

1995.7.9

ミシマサイコ

三島柴胡　セリ科

Bupleurum falcatum

多年草。葉は線形～狭披針形の単葉で、平行に走る脈のみが目立ち、基部は茎を抱かない。花は小さく黄色。国RDBは絶滅危惧Ⅱ類、神奈川RDBでは絶滅危惧ⅠA類。

花期：8～10月
高さ：30～70cm
環境：草地
分布：高地

1983.9.23

低木の花

樹木のうち成長しても高さ3m以下のものを低木、3～10mのものを小高木、それ以上になるものを高木というが、成木での高さには個体差があるため、その区分はあいまいである。ここでは低木から小高木の花を集めたが、ヤマザクラやヒメシャラのように高木であるが、花が特に目立つものも取り上げた。落葉樹の花は春～初夏に咲くものが多い。基本的には花の季節順に並べたが、近縁種が隣あうように調節したため、順番が逆転したところがある。

イヌガシ

犬樫　クスノキ科
Neolitsea aciculata

常緑小高木。葉は互生、3脈が目立ち、下面は灰白色。葉腋や枝の途中の葉痕に多数の暗紅色花をつける。雌雄異株。果実は黒く熟す。

花期：3月　果期：10～11月
高さ：10mになる
環境：谷筋の斜面など
分布：湯本周辺、湯河原～熱海に多

アセビ

馬酔木　ツツジ科
Pieris japonica

常緑低木～小高木。葉は枝先に集まり，倒披針形で長さ4～10cm、上面は主脈が突出し，下面は網目状の脈が目立つ。白色壺状の花を下向きに多数つける。

花期：3～4月　果期：9～10月
高さ：1～8m
環境：乾いた尾根や岩場
分布：全域に多

マンサク

万作　マンサク科

Hamamelis japonica

落葉小高木。葉は互生、菱状卵形で波状の鋸歯がある。冬芽は灰褐色の星状毛に被われ、花芽は2～4個が集まり、柄が曲がって下を向く。花は黄色の細長い花弁が4個ある。

花期：3月　果期：10～11月
高さ：2～5m
環境：乾いた尾根や斜面
分布：金時山に少

1999.3.24

葉　2020.6.8

コブシ

辛夷　モクレン科

Magnolia kobus

落葉高木。花芽は大きく白色の長軟毛に被われる。花は葉の展開前に咲き、緑色の萼片3個と白色で大きな花弁が6個ある。開花と同時に花の下に小さい葉が1個出る。

花期：3～4月　果期：10月
高さ：10～15m
環境：落葉樹林
分布：全域に多

2020.4.19

キブシ

木五倍子　キブシ科

Stachyurus praecox

落葉低木。葉は互生、卵状楕円形で鋸歯縁。雌雄異株または同株。長さ3～10cmの総状花序を下垂し、黄色で長さ6～9mmの鐘形花を多数つける。

花期：3～4月　果期：8～10月
高さ：3～4m
環境：林縁や落葉樹林内
分布：全域に多

2006.4.3

2021.3.26

若い果実　2020.6.17

アブラチャン

油瀝青　クスノキ科
Lindera praecox

よく萌芽し、幹を叢生。冬芽は仮頂芽で側芽が発達し、基部に2個の柄がある丸い花芽がつく。葉は狭卵形で全縁、先が尖る。果実は径1.5cmの球形、黄褐色に熟して不規則に割れ、赤褐色の種子を1個出す。

花期：3～4月　果期：9～10月
高さ：3～5m
環境：谷筋
分布：全域に多

2021.3.17

ダンコウバイ

壇紅梅　クスノキ科
Lindera obtusiloba

冬芽は葉芽と花芽が別の節につき、葉芽は楕円形で花芽は無柄で丸い。葉は広卵形でふつう3裂し、裂片の先は鈍く、基部は浅い心形で3行脈がある。果実は径約8mmの球形で赤～黒紫色に熟す。

花期：3～4月　果期：9～10月
高さ：2～6m
環境：落葉樹林内
分布：北部にやや少

2021.3.17

クロモジ

黒文字　クスノキ科
Lindera umbellata

若い枝は暗緑色で折ると良い香りがする。冬芽は頂芽があり、葉芽は紡錘形ですぐ下に１～３個の円い花芽がつく。葉は倒卵状長楕円形で全縁。果実は径約 5mm の球形で黒く熟す。

花期：3～4月　果期：9～10月
高さ：2～5m
環境：落葉樹林
分布：全域に多
【箱根が基準産地】

2006.4.24

カナクギノキ

鉄釘の木　クスノキ科
Lindera erythrocarpa

落葉高木。若い枝は灰褐色で皮目がある。冬芽は頂芽があり、葉芽のすぐ下に円い花芽がつく。葉は倒卵状長楕円形で全縁。果実は径６～7mm の球形で赤く熟す。関西に多く、箱根が分布の東限である。神奈川 RDB では絶滅危惧ⅠB 類。

花期：4～5月　果期：9～10月
高さ：6～15m
環境：落葉樹林
分布：三国山に稀

2020.5.8

クスノキ科クロモジ属の低木

早春にクスノキ科の落葉低木（カナクギノキは高木）がいち早く黄色の小さな花を咲かせる。アブラチャンとダンコウバイは展葉前に咲き、クロモジやカナクギノキは葉の展開と同時に開花する。いずれも雌雄異株で雄花序は花数が多く、雌花序は花数が少ない。葉は互生。枝や葉を傷つけると香りがある。

雄株　2020.4.2

雌株　2020.4.2

シバヤナギ

芝柳　ヤナギ科

Salix japonica

落葉低木。葉は長楕円形で縁には鋭鋸歯があり、下面は粉白色。雌雄異株。展葉と同時に花が咲く。雄花序は長さ3～9cm、雌花序は長さ約4cm。雄しべは2個で基部に腺体が1個ある。子房は柄がなく無毛、腺体は1個。丹沢や箱根などのフォッサマグナ地域には多産する。

花期：4月　果期：5月
高さ：1～3m
環境：日当たりの良い崖地や法面
分布：全域に多
【箱根が基準産地】
【フォッサ・マグナ要素】

雄株　2020.4.6

果実　2006.4.3

アオキ

青木　アオキ科

Aucuba japonica

常緑低木。枝は太くて丸く緑色で無毛。葉は対生、葉身は長楕円形で質厚く、長さ8～20cm。雌雄異株。円錐花序は雄花序では花数が多く、雌花序では少ない。花は4数性、紫褐色または緑色で径約7mm。果実は楕円形の液果で長さ1.5～2cm、赤く熟す。

花期：4月　果期：12～5月
高さ：2～3m
環境：樹林内
分布：山麓～中標高域に多

ヤマザクラ

山桜　バラ科

Cerasus jamasakura

落葉高木。樹皮は暗褐色で横に長い皮目がある。冬芽が無毛で芽鱗の先が少し開く。開花と同時に葉が展開し、葉は展葉時にふつう赤褐色を帯びる。成葉は両面ともに無毛で下面は白色を帯びる。花は径約3cm、萼は無毛、筒部は細長く、萼片は披針形で鋸歯がなく鋭頭。

花期：4月　果期：5～6月
高さ：10～25m
環境：落葉樹林
分布：全域に多

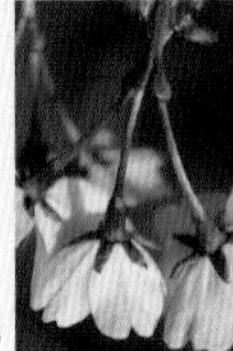
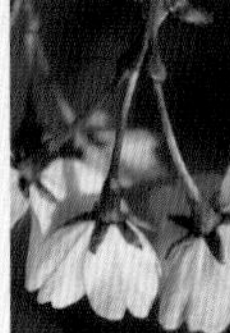

2006.4.8

2021.3.30

マメザクラ

豆桜　バラ科

Cerasus incisa

落葉小高木。樹皮は暗灰色で楕円形の皮目が点在。葉の展開前に花が咲く。葉柄はふつう有毛、葉身は小さく長さ2～5cm、縁は欠刻状の重鋸歯があり、葉身基部に蜜腺がある。花は下を向いて咲き、径約2cm、花柄はふつう有毛、萼片は卵形で鋸歯はなく先は鈍い。

花期：4月　果期：6月
高さ：3～8m　環境：風衝地や林縁
分布：全域に多
【箱根が基準産地】
【フォッサ・マグナ要素】

2006.4.24

2018.4.16

果実　2020.6.3

2022.4.30

果実　2020.6.17

ニガイチゴ

苦苺　バラ科

Rubus microphyllus

落葉低木。茎や葉柄には鋭い刺があり、葉身は単葉で、3裂することが多く、ときに分裂せず、下面は粉白色を帯びる。花は径2～2.5cm、ふつう1個ずつ上向きに咲く。集合果は径約1cmで赤く熟す。

花期：4～5月　果期：6～7月
高さ：0.5～2m
環境：林縁
分布：山麓～中標高域に多

2020.4.6

果実　2009.6.8

モミジイチゴ

紅葉苺　バラ科

Rubus palmatus* var. *coptophyllus

落葉低木。茎や葉柄には鋭い刺があり、葉身は単葉で、掌状に3～5裂する。花は径約3cm、葉腋に1個ずつ下向きに咲く。集合果は径1～1.5cmの球形で橙色に熟す。

花期：4月　果期：5～6月
高さ：1～2m
環境：林縁
分布：山麓～中標高域に多

クサイチゴ

草苺　バラ科

Rubus hirsutus

落葉小低木。茎や枝には細い刺が疎らにあり、軟毛と腺毛が密生する。葉は奇数羽状複葉で小葉は1～2対。花は径約4cm。集合果は径約1cmで赤く熟す。

花期：4月　果期：5～6月
高さ：20～50cm
環境：草地や林縁
分布：山麓～中標高域に多

2020.4.6

クサボケ

草木瓜　バラ科

Chaenomeles japonica

落葉小低木。葉は倒卵形で長さ2～5cm、基部に2個の扇形の托葉が目立つ。花は両性花と雄花が混生。果実は径3～4cmのナシ状果で黄色に熟す。

花期：3～5月　果期：9～10月
高さ：1m以下
環境：草地や明るい樹林内
分布：山麓～中標高域に多
【箱根が基準産地】

2016.4.30

ヤマブキ

山吹　バラ科

Kerria japonica

落葉低木。地下茎で繁殖する。枝は緑色で、4年ほどで枯れる。葉は互生。花は両性、雌しべはふつう5個。果実は暗褐色の痩果で3～5個が熟す。

花期：4月　果期：7～9月
高さ：1.5～2m以下
環境：林縁や樹林内
分布：山麓～中標高域に多

2020.4.9

2022.4.25

メギ

目木　メギ科
Berberis thunbergii

落葉低木。枝には縦溝と稜があり、各節に長さ7～10mmの鋭い刺がある。葉は短枝に集まってつき、倒卵形で基部は葉柄に流れ、短枝の先に2～4個の黄色花を下垂する。果実は液果で赤く熟す。

花期：4月　果期：10～12月
高さ：1～2m
環境：林縁　分布：全域に多

2019.4.25

ニワトコ

庭常　ガマズミ科
Sambucus racemosa* subsp. *sieboldiana

落葉低木。葉は対生し、奇数羽状複葉で小葉は2～6対、縁には細鋸歯がある。円錐花序に黄白色の小さな花を多数つける。果実は径3～5mmで赤く熟す。

花期：4～5月　果期：6～8月
高さ：3～6m
環境：林縁　分布：全域に多

2021.4.7

ツルシキミ

蔓樒　ミカン科
Skimmia japonica* var. *intermedia

常緑低木。茎ははい、先端のみが斜上または直立する。葉は下面に透明な油点があり、柑橘系の香りがする。雌雄異株。球形の円錐花序に白色の小さな花をつける。花よりも赤い果実が目立つ。有毒植物。

花期：4～5月　果期：11～2月
高さ：30～80cm
環境：樹林内　分布：全域に多

クロウメモドキ

黒梅擬　クロウメモドキ科

Rhamnus japonica* var. *decipiens

落葉低木。短枝が発達し、長枝の先は後に刺に変わる。葉は倒卵形で長さ4～6cm、基部はくさび形、側脈は3～4対あり、下面の網状細脈はあまり浮き出ない。雌雄異株。花は4数性、黄緑色で径約4mm。果実は径6～7mmの核果で黒く熟す。

花期：4～5月　果期：10～11月
高さ：2～6m
環境：樹林内
分布：中標高域～高地にやや少

雄株　2021.4.24

果実　2019.10.26

コウグイスカグラ

小鶯神楽　スイカズラ科

Lonicera ramosissima* var. *ramosissima

落葉低木。葉は対生し、卵形～長楕円形、長さ2～3cm、両面に毛がある。花は黄白色で長さ1.5～2cm、2個ずつが下向きに咲く。液果は2個が合着し、径6～8mmで赤く熟す。神奈川RDBでは絶滅危惧Ⅱ類。

花期：4～5月　果期：6～7月
高さ：1～2m
環境：風衝地
分布：高地にやや少
【箱根が基準産地の可能性あり】

2012.5.14

果実　2016.6.27

2011.5.3

ミツバツツジ

三葉躑躅　ツツジ科
Rhododendron dilatatum

落葉低木。葉は枝先に3葉が輪生状につく。若い葉は微細な腺毛があって粘り、これが乾いて黒い点になって残る。展葉に先立って開花し、雄しべは5本、子房は腺毛があり、花柱は無毛。

花期：4～5月　果期：7～9月
高さ：1～3m
環境：日当たりの良い岩場や崖地
分布：山麓～中標高地に多

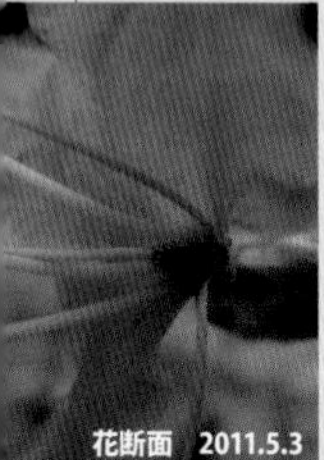
花断面　2011.5.3

葉腺点　2011.5.16

2022.4.30

キヨスミミツバツツジ

清澄三葉躑躅　ツツジ科
Rhododendron kiyosumense

落葉低木。葉は枝先に3葉が輪生状につく。葉に腺点はなく、葉身基部の下面中肋の両側に白色縮毛がある。子房には白色剛毛が密生し、花柱は無毛。雄しべは10本。

花期：4～5月　果期：8～9月
高さ：1～3m
環境：林縁や落葉樹林内
分布：高地に多
【フォッサ・マグナ要素】

花断面　2011.5.9

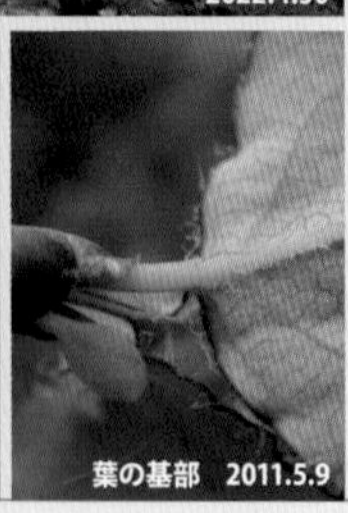
葉の基部　2011.5.9

トウゴクミツバツツジ

東国三葉躑躅　ツツジ科

Rhododendron wadanum

落葉低木。葉は枝先に3葉が輪生状につく。葉柄や葉身下面脈上に淡褐色長毛を密生する。子房には白色剛毛を密生し、花柱には縮れた腺毛が生える。雄しべは10本。

花期：5月　果期：9～10月
高さ：1～3m
環境：風衝地や落葉樹林内
分布：高地に多

葉の基部　2011.5.16

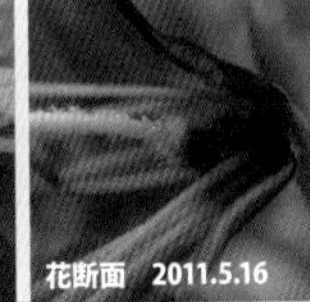
花断面　2011.5.16

2012.5.28

ズミ

酸実　バラ科

Malus toringo

別名コナシ、コリンゴ。落葉小高木。葉は互生し、長楕円形で長さ3～8cm、有毛、長枝の葉は3裂することが多い。花は白色であるが、蕾のときは紅色を帯びる。短枝の先に散形花序を出し、径2～4cmの5弁花をつける。果実は赤色または黄色に熟す。

花期：5～6月　果期：10～11月
高さ：6～10m
環境：湿原や湿った林縁
分布：中標高域～高地に多

果実　2021.11.13

2019.5.11

2023.4.22

ナツグミ

夏茱萸　グミ科

Elaeagnus multiflora* var. *multiflora

落葉低木〜小高木。小枝は赤褐色の鱗状毛が密生。葉の上面は銀色の鱗状毛が疎らに生え、下面は銀色の鱗状毛が密生し褐色の鱗状毛が混ざり、縁は波打たない。

花期：4〜5月　果期：5〜7月
高さ：2〜4m　環境：落葉樹林内
分布：山麓〜中標高域に少
【箱根が基準産地】

2022.4.25

ハコネグミ

箱根茱萸　グミ科

Elaeagnus matsunoana

落葉低木。葉は上面に淡黄褐色の星状毛が生え、下面は銀色の鱗状毛が密生する。国RDBは絶滅危惧II類、神奈川RDBでは準絶滅危惧。

花期：4〜5月　果期：7〜8月
高さ：2〜3m
環境：落葉樹林内や林縁
分布：中標高域〜高地に少
【箱根が基準産地】【フォッサ・マグナ要素】

2021.7.19

マメグミ

豆茱萸　グミ科

Elaeagnus montana

落葉低木。小枝は赤褐色の鱗状毛が密生する。葉の上面は銀色〜淡褐色の鱗状毛が生え、下面は銀色の鱗状毛が密生し褐色の鱗状毛が混ざり、縁が強く波打つ。

花期：6〜7月　果期：7〜9月
高さ：2〜3m
環境：落葉樹林内や林縁
分布：高地に多

シロヤシオ

白八汐　ツツジ科
Rhododendron quinquefolium

別名ゴヨウツツジ。落葉低木。葉は枝先に5個が輪生状につき、葉の縁は紅色を帯び、縁毛が目立つ。花は白色で上片に緑色の斑点がある。雄しべは10本。

花期：5月　果期：9～10月
高さ：4～6m
環境：落葉樹林内
分布：金時山に多

2011.5.16

ヤマツツジ

山躑躅　ツツジ科
Rhododendron kaempferi

半常緑の低木。春に出た葉は大きくなり秋には落葉し、夏に出た小さな葉は越冬する。花は朱色で上側の裂片に濃色の斑点があり、雄しべは5本。

花期：5～6月　果期：8～10月
高さ：1～3m
環境：草地、林縁、明るい樹林内
分布：全域に多

2020.6.3

ムラサキツリガネツツジ

紫釣鐘躑躅　ツツジ科
Rhododendron multiflorum* var. *purpureum

落葉低木。葉は上面に粗い長毛が密生し、花冠は紅紫色で長さ15～18mm。国RDBは絶滅危惧Ⅱ類、神奈川RDBでは絶滅危惧ⅠB類。

花期：5～6月　果期：7～9月
高さ：0.5～2m
環境：林縁や樹林内の湿った岩場
分布：高地に稀
【箱根が基準産地】【フォッサ・マグナ要素】

2023.6.8

2023.5.9

スノキ

酸の木　ツツジ科

Vaccinium smallii* var. *glabrum

落葉低木。葉は互生し、柄はきわめて短く、楕円形で長さ1～3.5cm、葉を噛むと酸っぱい。花は鐘形で長さ約5mm、緑白色で紅色を帯び、下向きに咲く。果実は球形で長さ7～9mm、熟して紫黒色。萼筒や果実に明瞭な5稜はない。

花期：5～6月　果期：7～8月
高さ：1～2m　環境：林縁や樹林内
分布：中標高域～高地に多

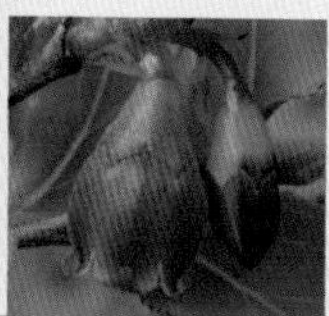
2022.5.10

2023.6.8

サラサドウダン

更紗満天星　ツツジ科

Enkianthus campanulatus

別名フウリンツツジ。落葉低木～小高木。葉は枝先に数個が集まり、楕円形で縁には細鋸歯があり、上面には短毛が疎らに生える。花は鐘形で長さ6～10mm、黄白色から紅色の筋が濃いものまで変化がある。果序は垂れ下がるが、さく果は上向きに熟す。

花期：5～6月　果期：9～10月
高さ：2～5m　環境：林縁や樹林内
分布：高地に多

シロバナフウリンツツジ
2011.5.31

ベニドウダン

紅満天星　ツツジ科

Enkianthus cernuus* f. *rubens

別名チチブドウダン。落葉低木。葉は枝先に集まり、葉の上面は脈上を除き無毛。花は鐘形で長さ5～6mm、紅色で裂片の先は細裂する。神奈川RDBでは絶滅危惧ⅠA類。

花期：5～6月　果期：9～10月
高さ：2～4m
環境：林縁や樹林内
分布：高地に稀

2016.5.28

ハナイカダ

花筏　ハナイカダ科

Helwingia japonica

落葉低木。葉は細鋸歯があり、鋸歯の先は刺状に伸びる。雌雄異株。花は葉の上面主脈の中央につき、雄花は数個、雌花は1個つける。果実は径約7mmで黒く熟す。

花期：5月　果期：8～10月
高さ：1～2m　環境：湿った樹林内
分布：山麓～中標高域に多
【箱根が基準産地】

2021.6.21

アラゲアオダモ

粗毛青梻　モクセイ科

Fraxinus lanuginosa* f. *lanuginosa

別名ケアオダモ。落葉小高木。芽、葉柄、花序柄などに粗い毛がある。葉は対生し、5～7小葉からなる羽状複葉で、小葉は低鋸歯縁。枝先に白色花を多数つける。

花期：5～6月　果期：7～8月
高さ：5～15m
環境：落葉樹林
分布：中標高域～高地に多

2011.5.31

2020.6.3

ツクバネウツギ

衝羽根空木　スイカズラ科
Abelia spathulata* var. *spathulata

落葉低木。葉は対生、葉身は卵形で半ばから先に不規則な鋸歯がある。花は枝先に2個つけ、萼筒は細長く先は等しく5裂。花冠は漏斗状で白色。

花期：5～6月　果期：9～11月
高さ：1～3m
環境：林縁や樹林内
分布：全域に多

2016.5.28

ベニバナノツクバネウツギ

紅花の衝羽根空木　スイカズラ科
Abelia spathulata* var. *sanguinea

落葉低木。ツクバネウツギの変種で花冠は少し小さく、濃紅色～淡紅色まで変化がある。ツクバネウツギとは生育環境も異なり、単純な花色の違いだけではない。神奈川RDBでは絶滅危惧Ⅱ類。

花期：5～6月　果期：9～11月
高さ：1～3m　環境：風衝地や林縁
分布：高地に少

2022.6.12

ニシキウツギ

二色空木　スイカズラ科
Weigela decora

落葉低木。葉は対生、葉柄は長さ5～10mm、葉の下面脈上に斜上する毛が密生。花冠は白色から紅色に変わるが、はじめから紅色のもの、白色のままのものもある。

花期：5～6月　果期：10～11月
高さ：3～5m
環境：林縁
分布：全域に多

ヒメウツギ

姫空木　アジサイ科

Deutzia gracilis

落葉低木。若い枝は淡緑色で無毛。葉は対生、上面は星状毛が疎らに生え、下面は無毛。円錐花序に径約 1cm の白色花をつけ、花糸には翼があり、上端に歯牙がある。

花期：4～5月　果期：10～11月
高さ：1～2m
環境：岩場や崖地
分布：中標高地～高地に多

2021.4.7　2011.5.31

マルバウツギ

丸葉空木　アジサイ科

Deutzia scabra

落葉低木。若い枝は紫褐色で星状毛を密生。葉は対生、花序の下の葉は無柄で茎を抱く。円錐花序に径約 1cm の白色花をつけ、花糸の翼は上部がしだいに狭まる。

花期：4～5月　果期：10～11月
高さ：1～2m　環境：岩場や崖地
分布：山麓～中標高域に多
【箱根が基準産地】

2021.5.24　2020.5.25

ウツギ

空木　アジサイ科

Deutzia crenata

落葉低木。若い枝は赤褐色で星状毛がある。葉は対生、短い柄があり、下面は星状毛が多い。円錐花序に白色花をつけ、花糸に翼があり、その上端に歯牙がある。

花期：5～6月　果期：10～11月
高さ：1～3m
環境：林縁や斜面
分布：山麓～中標高域に多

2020.6.8　2020.6.8

2020.5.14

果実　2008.9.1

ゴマギ

胡麻木　ガマズミ科
Viburnum sieboldii

落葉小高木。生の葉や枝は胡麻の香りがする。葉は対生し、倒卵形で側脈は6～12対あり、上面に凹む。円錐花序に径7～9mmの白色花を多数密集する。花冠は5裂し、雄しべ5本。果実は赤くなり、黒くなって落下する。

花期：5月　果期：8～10月
高さ：3～7m
環境：落葉樹林
分布：中標高域に多

2022.5.10

果実　2015.9.11

オトコヨウゾメ

男ようぞめ　ガマズミ科
Viburnum phlebotrichum

落葉低木。葉形はコバノガマズミに似るが、枝や葉に星状毛がほとんどない。葉柄は長さ3～8mm、赤紫色を帯び、托葉はない。葉身は下面脈上に絹毛があり、乾くと黒くなる。散房花序はやや下垂し、花数が少なく、白色～淡紅色の花をつける。

花期：5月　果期：9～11月
高さ：1～3m
環境：落葉樹林
分布：外輪山の高地に少

コバノガマズミ

小葉の莢蒾　ガマズミ科
Viburnum erosum

落葉低木。若い枝はに星状毛が密生し、粗い毛が疎らに生える。葉は対生し、葉柄は短く長さ5mm以下、両面に星状毛があり、ときに上面が無毛。

花期：4～5月　果期：9～11月
高さ：2～4m
環境：落葉樹林
分布：全域に多

2020.4.25

ガマズミ

莢蒾　ガマズミ科
Viburnum dilatatum

落葉低木。若い枝には粗い毛が多く、細かい星状毛がある。葉は対生、葉柄は長さ1～2cmあり、粗い毛が密生、葉身は広卵形で長さ6～14cm、先は短く尖る。

花期：5～6月　果期：9～11月
高さ：2～5m
環境：林縁や樹林内
分布：全域に多

2020.5.30

オオミヤマガマズミ

大深山莢蒾　ガマズミ科
Viburnum wrightii* var. *stipellatum

葉柄や花序に長い絹毛が生え、星状毛はない。葉身の先は細長く伸び、葉の上面に微細な分岐毛がある。ミヤマガマズミvar. *wrightii*は箱根にはない。

花期：5～6月　果期：9～10月
高さ：2～4m
環境：落葉樹林
分布：高地に少

2020.6.8

2021.7.19

ミヤマシグレ

深山時雨　ガマズミ科

Viburnum urceolatum

別名ヤマシグレ。落葉低木。枝は横にはい、先が立ち上がる。葉は対生し、卵形〜長楕円形で基部は広いくさび形〜浅心形。枝先に散房花序をつける。花冠は筒状で紅色、先は浅く5裂する。神奈川RDBでは絶滅危惧IA類。

花期：6〜7月　果期：9〜10月
高さ：0.5〜1m
環境：樹林内の岩場
分布：高地に稀

2005.6.5

ヤブデマリ

藪手毬　ガマズミ科

Viburnum plicatum* var. *tomentosum

落葉低木〜小高木。葉は対生し、若い枝、葉柄、葉下面に星状毛が多い。水平に伸びた枝に短枝が対生し、短枝の先に散房花序をつける。花序の中央に両性花、周辺に径2〜4cmの白色の装飾花をつける。果実は径5〜7mmの核果で、赤〜黒に熟し、花序枝も赤く色づく。

花期：5〜6月　果期：8〜10月
高さ：3〜6m
環境：湿った樹林内
分布：中標高域に多

ガクウツギ

萼空木　アジサイ科
Hydrangea scandens

別名コンテリギ。落葉低木。葉は対生、上面は金属的な鈍い光沢がある。散房花序の中央に両性花、周縁に装飾花をつけ、装飾花の萼片は3個。

花期：5月　果期：9～10月
高さ：1～2m
環境：湿った樹林内や林縁
分布：山麓～中標高域に多

2015.5.5

コアジサイ

小紫陽花　アジサイ科
Hydrangea hirta

落葉低木。葉は対生、葉は長さ5～8cm、縁には3角形の大きな鋸歯がある。散房花序は径約5cm、花は白色～淡青色、すべて両性で装飾花はつけない。

花期：5～6月　果期：9～10月
高さ：1～2m
環境：林縁や明るい樹林内
分布：全域に多

2020.6.15

ヤマアジサイ

山紫陽花　アジサイ科
Hydrangea serrata

落葉低木。葉は対生、長楕円形で長さ5～15cm。散房花序は中央に両性花、周辺に白色～淡青色の装飾花をつける。箱根や伊豆の高地には葉が小さいものがあり、ホソバコガク var. *angustata* という。

花期：6～7月　果期：10～11月
高さ：1～2m　環境：湿った樹林内
分布：全域に多

2020.6.24

2005.6.5

ミツバウツギ

三葉空木　ミツバウツギ科

Staphylea bumalda

落葉低木。冬芽は枝先に2個並ぶ。葉は対生し、3小葉からなり、頂小葉の基部は小柄に流れ、側小葉はほとんど無柄、小葉の縁には細鋸歯がある。枝先に円錐花序をつける。花は両性、萼片は白色花弁状で5個、花弁は直立。果実は矢筈形で長さ2～2.5cm、褐色に熟す。

花期：5～6月　果期：9～11月
高さ：3～5m
環境：林縁や樹林内
分布：山麓～中標高域に多

若い果実　2020.6.24

2019.5.23

サワフタギ

沢蓋木　ハイノキ科

Symplocos sawafutagi

落葉低木～小高木。樹皮は灰褐色で縦に細く裂け、若い枝には曲がった毛がある。葉は互生、葉身は倒卵形で長さ4～8cm、先は急に短く尖り、縁には細かい鋭鋸歯があり、下面に脈が隆起し脈上に毛が多い。花は両性、円錐花序に径7～8mmの白色花をつける。果実は青く熟す。

花期：5月
果期：9～10月
高さ：2～4m
環境：林縁や樹林内
分布：山麓～中標高域に多

果実　2022.10.8

タンナサワフタギ

耽羅沢蓋木　ハイノキ科
Symplocos coreana

落葉低木〜小高木。樹幹は白色で樹林内で目立つ。葉は倒卵形で先端は尾状鋭尖頭、縁には内側に曲がる粗い鋭鋸歯がある。下面に脈が隆起し脈上に白毛が多い。花は両性、円錐花序に径7〜8mmの白色花をつける。果実は黒く熟す。

花期：5〜6月　果期：9〜10月
高さ：2〜4m
環境：林縁や樹林内
分布：中標高域〜高地に多

2005.6.5

樹皮　2021.6.9

2021.6.21

ナンキンナナカマド

南京七竈　バラ科
Sorbus gracilis

落葉低木。葉は互生し、奇数羽状複葉で小葉は7〜9個。小葉は楕円形で鈍頭〜円頭、上半分に鋭鋸歯がある。花序の下には扇形の托葉がある。花は淡黄色で径約1cm。果実は径6〜8mmで赤く熟す。神奈川RDBでは絶滅危惧II類。

花期：5〜6月　果期：9〜10月
高さ：2〜3m
環境：落葉樹林
分布：高地に少

2021.5.31

果実　2021.9.24

2020.6.8

カマツカ

鎌柄　バラ科
Pourthiaea villosa

落葉低木〜小高木。葉は互生、葉身は倒卵形で長さ4〜7cm、縁には細かい鋭鋸歯がある。葉の幅や毛の有無には変化がある。花は両性、短枝の先に複散房花序をつけ、径約1cmの白色花を10〜20個つける。果実はナシ状果、径8〜10mmの楕円形で赤く熟す。

花期：5〜6月　果期：10〜11月
高さ：4〜7m
環境：落葉樹林
分布：全域に多

2020.5.29

2021.6.21

オヤマシモツケ　2021.7.19

シモツケ

下野　バラ科
Spiraea japonica

落葉低木。葉は互生、卵形〜長楕円形で長さ3〜7cm、縁には鋭鋸歯がある。複散房花序に径3〜6mmの紅色花を多数つける。駒ヶ岳山頂などの風衝地には全体に著しく小型で、高さ10cm、葉は長さ1cm以下のものがあり、オヤマシモツケという。

花期：6〜8月　果期：9〜10月
高さ：10〜100cm
環境：草地や林縁
分布：全域に多

ココゴメウツギ

小米空木　バラ科
Neillia incisa

落葉低木。叢生し分枝してヤブをつくる。葉は互生、葉身は3角状卵形で長さ2～4cm、3裂または羽状に浅～中裂し、下面は細脈まで見え、脈上と葉柄に軟毛がある。花は両性、小型の円錐花序に径4～5mmの白色花をつけ、雄しべは10個。果実は径2～3mmの袋果で萼に包まれる。

花期：5～6月　果期：9～10月
高さ：1～2m
環境：林縁や樹林内
分布：全域に多
【箱根が基準産地】

2021.5.31

カナウツギ

金空木　バラ科
Neillia tanakae

落葉低木。葉は互生、葉身は卵形で長さ5～9cm、浅く3裂し、縁には粗い重鋸歯があり、側脈は6～8対ある。托葉はやや目立ち、長さ約1cm。花は白色で径約5mm、花弁は5個、萼片5個も白色同形で花弁のように見える。雄しべは15～20個。

花期：5～7月　果期：9～10月
高さ：1～2m
環境：林縁や樹林内
分布：外輪山北側と内側に多
【箱根が基準産地の一つ】
【フォッサ・マグナ要素】

2014.6.26

2020.5.29

コバノフユイチゴ

小葉の冬苺　バラ科

Rubus pectinellus

地表をはう落葉小低木。葉は円形で長さ3～5cm、基部は心形、縁には鈍鋸歯がある。花は枝先に1個つけ、白色で径約2cm。

花期：5～6月　果期：7～8月
高さ：横にはい5～10cm
環境：樹林内
分布：西側～南側半分に多

2021.5.31

クマイチゴ

熊苺　バラ科

Rubus crataegifolius

落葉低木。茎や葉柄には鋭い刺がある。葉身はモミジイチゴに似るが、質が厚く、長さ6～10cmと大きい。花は径1～1.5cm。集合果は径約1cmで赤く熟す。

花期：5～6月　果期：7～8月
高さ：1～2m
環境：林縁
分布：全域に多

2020.6.24

バライチゴ

薔薇苺　バラ科

Rubus illecebrosus

落葉小低木。茎は直立して無毛、鋭い刺がある。葉は5～7小葉からなる羽状複葉。花は白色で径約4cm、横向きに開花する。集合果は長さ約1.5cm。

花期：6～8月　果期：8～10月
高さ：20～50m
環境：路傍や崩壊地
分布：中標高域～高地に多

ナワシロイチゴ

苗代苺　バラ科
Rubus parvifolius

落葉小低木。茎には下向きの刺がある。葉は3出複葉、小葉の下面は綿毛が密生して白色。花弁は紅紫色で長さ5～7mmと小さく平開しない。集合果は径約1.5cmで赤く熟す。

花期：5～6月　果期：6～7月
高さ：横にはい 20～50cm
環境：路傍や草地
分布：山麓～中標高域に多

2020.6.17

エビガライチゴ

海老殻苺　バラ科
Rubus phoenicolasius

落葉低木。茎は赤褐色の腺毛が密生し、細い刺が混じる。葉は3出複葉で小葉の下面は綿毛が密生して白色。花は数花が集まり、花弁は白色で萼よりも短く平開しない。集合果は径約1.5cmで赤く熟す。

花期：5～6月　果期：6月
高さ：横にはい 20～50cm
環境：草地や林縁
分布：中標高域に少

2020.6.17

キイチゴ属の花と果実

キイチゴ属の花は1つの花に多数の雄しべと雌しべがあり、各雌しべは花後に液質の核果となり、キイチゴ状果と呼ばれる集合果になる。春～初夏に花が咲き、夏に結実するキイチゴ属を集めたが、早春から開花が始まるニガイチゴ、モミジイチゴ、クサイチゴは196～197ページに掲載した。また、山麓には秋に花が咲いて冬に結実するフユイチゴやミヤマフユイチゴがあるが取り上げられなかった。

2020.6.4

ノイバラ

野茨　バラ科
Rosa multiflora

落葉低木。葉は7～9小葉よりなり、小葉の下面に軟毛が生えることで他のバラ属と区別できる。托葉は疎らな櫛の歯状で歯の先が腺になる。花は径約2cm。

花期：5～6月　果期：9～11月
高さ：1～2m
環境：林縁
分布：山麓～中標高域に多

2020.6.17

ヤマテリハノイバラ

山照葉野茨　バラ科
Rosa onoei* var. *oligantha

別名アズマイバラ。落葉低木。葉は5～7小葉よりなり、下面は無毛、頂小葉は側小葉より大きく鋭尖頭。枝先の円錐花序に径2～3cmの白色花をつける。

花期：5～6月　果期：10～11月
高さ：1～2m
環境：林縁
分布：全域に多

2021.5.31

モリイバラ

森茨　バラ科
Rosa jasminoides

落葉低木。葉は5～7小葉よりなり、質薄く、下面は白色を帯びる。花はふつう枝先に1個、花柄に腺毛が生える。箱根産のノイバラの仲間ではもっとも早く花が咲く。

花期：5～6月　果期：10～11月
高さ：1～2m
環境：林縁
分布：全域に多

フジイバラ

富士茨　バラ科

Rosa fujisanensis

落葉低木。枝は太くて丈夫。葉は7～9小葉よりなり、下面は無毛、頂小葉と側小葉はほぼ同大で短く尖る。円錐花序は花数が多く、花は径約2.5cm。

花期：5～6月　果期：10～11月
高さ：1～2m
環境：林縁
分布：高地に多
【フォッサ・マグナ要素】

2021.7.19

2020.6.27

テリハノイバラ

照葉野茨　バラ科

Rosa luciae

匍匐性の落葉低木。葉は7～9小葉からなり、頂小葉と側小葉は同形同大で、先は円いものが多く、下面は無毛。花は白色で大きく、径3～3.5cm。

花期：5～6月　果期：10～11月
高さ：1m以下　環境：草地や崩壊地
分布：全域に多

2015.6.10

サンショウバラ

山椒薔薇　バラ科

Rosa hirtula

別名ハコネバラ。落葉低木～小高木。葉は9～19小葉からなり、花は径5～6cmの淡紅色。果実には刺が密生。国RDBは絶滅危惧Ⅱ類。

花期：5～6月　果期：10～11月
高さ：1～6m　環境：風衝地や林縁
分布：中標高域～高地に多
【フォッサ・マグナ要素】

ノイバラの仲間

斜上またはややつる性の低木で枝には刺がある。葉は互生し、奇数羽状複葉で小葉は細鋸歯縁、葉柄基部に合着した托葉がある。花は両性、萼筒は壺形で果実に残り、花弁は5個、雄しべは多数あり、花弁とともに萼筒の喉部につく。萼筒は熟して多肉質となりバラ状果という偽果を作る。

ツリバナ

吊花　ニシキギ科

Euonymus oxyphyllus

落葉低木。葉は対生、葉柄は長さ3～10mm、葉身は長楕円形で長さ3～10cm、縁には鈍い鋸歯があり、両面とも無毛。花序は長い柄があって垂れ下がり、両性花をつける。花弁は5個、雄しべも5個。果実は5裂して橙赤色の仮種皮に包まれた種子を出す。

花期：5～6月　果期：9～10月
高さ：1～4m
環境：落葉樹林
分布：全域に多

サワダツ

沢立　ニシキギ科

Euonymus melananthus

別名アオジクマユミ。ほとんど立ち上がることなく斜上する。葉は対生し、葉柄は長さ2～5mm、葉身は卵形で先は尾状に長く尖り、基部は円形、両面無毛。花弁は5個、雄しべも5個。果実は赤く熟し、5裂して仮種皮に包まれた種子を出す。

花期：6～7月
果期：9～10月
高さ：1～2m
環境：落葉樹林
分布：中標高域にやや少

ニシキギ

錦木　ニシキギ科
Euonymus alatus

落葉低木。枝に翼がある。葉は対生、葉柄は長さ1～3mm、葉身は長楕円形で長さ2～7cm、縁には細かい鋭鋸歯があり、両面とも無毛。長さ1～3cmの柄を伸ばし、両性花をつける。花弁は4個、雄しべも4個。果実は2分果に分かれ、裂開して橙赤色の仮種皮に包まれた種子を出す。

花期：5～6月　果期：10～11月
高さ：1～3m
環境：落葉樹林
分布：山麓～中標高域に多

2021.5.24

果実　2020.10.21

マユミ

真弓　ニシキギ科
Euonymus sieboldianus

落葉低木～小高木。葉は対生、葉柄は長さ5～20mm、葉身は長楕円形で長さ5～15cm、縁には細鋸歯があり両面無毛。本年枝の芽鱗痕から集散花序を出し、緑白色の小さな両性花をつける。果実は径約1cm、4稜があり、淡紅色に熟し、熟すと裂開して橙赤色の種子を出す。

花期：5～6月
果期：10～11月
高さ：3～5m
環境：林縁
分布：全域に多

果実　2020.10.21

2020.5.25

2020.5.25

2020.6.15

オオバアサガラ

大葉麻殻　エゴノキ科

Pterostyrax hispidus

落葉小高木。葉は互生し、楕円形で長さ10～20cm、縁には微鋸歯があり、下面は灰白色で微細な星状毛があり、網状脈まで隆起する。総状花序は下垂し、雄しべは花冠より突き出る。

花期：6月　果期：8～9月
高さ：5～10m
環境：落葉樹林
分布：中標高域に少

2011.6.26

ヒメシャラ

姫沙羅　ツバキ科

Stewartia monadelpha

落葉高木。樹皮は淡赤褐色で滑らか、薄片が剝れて斑紋状になる。葉は互生し、下面全体に毛がある。花は径1.5～2cm、萼片は長さ約5mm、花弁は白色で5個。

花期：6～7月　果期：8～9月
高さ：10～15m
環境：落葉樹林
分布：中標高域に多

2015.6.10

ヒコサンヒメシャラ

英彦山姫沙羅　ツバキ科

Stewartia serrata

落葉高木。樹皮は赤褐色～黄褐色で横線が目立つ。葉は互生し、下面は中肋を除いて無毛。花は径3.5～4cm、萼片は長さ約15mm、花弁は白色で5個。

花期：6～7月　果期：8～9月
高さ：10～15m
環境：落葉樹林
分布：高地に多

イボタノキ

水蠟の木　モクセイ科

Ligustrum obtusifolium

落葉低木。葉は対生し、柄は短く、長楕円形で長さ2～7cm、先は鈍く、全縁、上面は無毛、下面は有毛または無毛。幅の狭い円錐花序に白色花をつける。花冠は漏斗形で長さ7～9mm、先は4裂し、雄しべは2個で花冠から少し出る。果実は紫黒色に熟す。

花期：5～6月　果期：10～11月
高さ：2～4m
環境：林縁
分布：山麓～中標高域に多

2019.6.22

ミヤマイボタ

深山水蠟　モクセイ科

Ligustrum tschonoskii var. tschonoskii

落葉低木。葉は対生し、柄は短く、卵状楕円形で長さ2～5cm、先は尖り、全縁、上面は縁と中脈上に毛があり、下面は中脈上に密に生える。花冠は白色漏斗形で長さ6～7mm、先は4裂し、雄しべ2個は花冠より少し出る。果実は紫黒色に熟す。

花期：6～7月　果期：10～11月
高さ：1～3m
環境：林縁
分布：中標高域～高地に多

2020.6.17

雄花　2020.6.27

雌花　2020.6.27

果実　2020.10.21

ウメモドキ

梅擬　モチノキ科

Ilex serrata

落葉低木。葉は互生、葉柄は長さ4～9mm、葉身は長さ3～8cmの楕円形で基部はくさび形、縁には細鋸歯がある。雌雄異株。新枝の葉腋に径3～4mmの淡紫色花を雄花では多数、雌花では数個つける。果実は径約5mm，赤く熟す。

花期：6月　果期：9～11月
高さ：2～3m
環境：湿った樹林内
分布：中標高域に少

2014.6.26

2008.6.24

果実　2008.8.29

フウリンウメモドキ

風鈴梅擬　モチノキ科

Ilex geniculata

落葉低木。葉は互生、葉柄があり、葉身は卵状長楕円形で長さ3～8cm、先は尖り、基部は円形、縁には低鋸歯がある。雌雄異株。葉腋から長い柄を伸ばし、径4mmの白色花をつける。果実は径約4mm、赤く熟す。神奈川RDBでは絶滅危惧ⅠA類。

花期：6～7月　果期：9～10月
高さ：2～3m
環境：落葉樹林
分布：金時山に稀

イヌツゲ

犬黄楊　モチノキ科

Ilex crenata

常緑低木～小高木。本年枝は緑色で稜がある。葉は互生、長楕円形で長さ1～3cm、縁は上半部に鋸歯があり、下面には腺点がある。雌雄異株。花弁は4個。雄花は雄しべ4個、雌花は緑色の雌しべと退化雄しべが4個ある。果実は径約6mm、黒く熟す。

花期：6～7月　果期：9～11月
高さ：2～6m
環境：風衝地や林縁
分布：全域に多

果実　2005.10.3

2020.6.27

ヤマボウシ

山法師　ミズキ科

Cornus kousa

落葉高木。葉は対生、葉身は楕円形～卵円形で全縁、4～5対の側脈があり、下面脈腋に褐色の毛がある。球形の頭状花序は基部に4枚の白色の大きな総苞片がある。花は両性で淡黄色で小さい。頭状花序は花後に径1～1.5cmの球形の複合果となり赤く熟す。

花期：6月　果期：9～10月
高さ：5～15m
環境：落葉樹林
分布：全域に多

果実　2007.10.6

2014.6.26

2020.6.8

ヤマウコギ

山五加木　ウコギ科
Eleutherococcus spinosus

小葉の縁には先が丸い単鋸歯があり、上面脈上の刺状毛は目立たず、下面脈腋の膜状物は目立つ。散形花序の小花柄は長さ8～12mm、30～45花（果）をつける。

花期：5～6月　果期：7～8月
高さ：2～4m
環境：林縁
分布：全域に多

2020.7.2

オカウコギ

丘五加木　ウコギ科
Eleutherococcus japonicus

小葉の縁には欠刻状の粗い鋸歯があり、重鋸歯が混じり、上面は刺状毛が目立ち、下面脈腋の薄膜は小さい。散形花序の小花柄は長さ5～8mm、10～20花（果）をつける。

花期：5～6月　果期：7～8月
高さ：2～3m　環境：林縁
分布：山麓～中標高域に多
【箱根が基準産地】

2020.6.24

ミヤマウコギ

深山五加木　ウコギ科
Eleutherococcus trichodon

落葉低木。小葉の先は尾状に長く尖り、基部はくさび形、縁には不揃いな鋭鋸歯がある。花序はその年に伸びた枝先につけ、10～15花をつける。

花期：5～6月　果期：7～8月
高さ：0.5～2m
環境：樹林内
分布：中標高域～高地に多
【箱根が基準産地】

ドクウツギ

毒空木　ドクウツギ科

Coriaria japonica

落葉低木。葉は対生し、卵形で長さ6～8cm、鋸歯はなく、両面無毛、3脈が目立つ。花は単性で雌雄同株。葉の展開と同時に花が咲くが、小さく目立たない。果実は径約1cm、紅色から黒紫色に熟す。有毒植物。紅色の未熟果は特に毒が強いという。

花期：4～5月　果期：7～9月
高さ：1～2m
環境：林縁や崩壊地
分布：中標高域に少

2022.4.25

果実　2020.6.24

ヤナギイチゴ

柳苺　イラクサ科

Debregeasia orientalis

落葉低木。叢生し、枝は先が垂れ下がる。葉は互生、線状長楕円形で長さ7～20cm、3脈が目立ち、下面は絹毛が密生して著しい白色。雌雄同株で雄花序と雌花序をつける。雌花序は頭状に多数の雌花が集まり、雌花の花被片は壺状で子房を包み、花後に多汁質になり、橙黄色の複合果になる。

花期：3～5月　果期：6～11月
高さ：2～3m
環境：林縁
分布：東側～南側の山麓に多

果実　2005.7.11

2014.7.22

ハコネコメツツジ

箱根米躑躅　ツツジ科

Rhododendron tsusiophyllum

落葉または半常緑の低木。葉は密に互生し、楕円形〜倒卵形で長さ4〜12mm、上面に伏毛、下面脈上に毛がある。花冠は鐘形で長さ8〜10mm、白色で外面内面ともに有毛。雄しべは5個花冠より突き出ない。雄しべの葯は縦に裂ける。国・神奈川ともにRDBは絶滅危惧Ⅱ類。

花期：6〜8月　高さ：10〜60cm
環境：岩場や風衝地

2021.7.19

分布：高地にやや少
【箱根が基準産地】
【フォッサ・マグナ要素】

2006.7.4

2005.7.11

アマギツツジ

天城躑躅　ツツジ科

Rhododendron amagianum

落葉低木〜小高木。葉は枝先に3個輪生し、菱状広卵形で上面には糸状の毛があり、下面には綿毛が生える。花冠は朱赤色で径5〜6cm、上側の裂片に濃色の斑点がある。雄しべは10個。日金山が北限の分布地。国RDBでは絶滅危惧ⅠB類。

花期：6〜7月　果期：9〜10月
高さ：2〜10m
環境：落葉樹林
分布：日金山に少
【フォッサ・マグナ要素】

ハコネハナヒリノキ

箱根嚔の木　ツツジ科

Leucothoe grayana* var. *venosa

落葉低木。葉は互生し、長楕円形で長さ2～6cm、先は短く尖り、基部は円形。枝先に総状花序を伸ばし、下向きに小さな花をつける。花冠は壺状で長さ約4mm。ハナヒリノキの富士箱根地域に分布する変種で、葉が小さく、縁に長さ1mmの長い毛が生える点で区別されている。

花期：6～7月　果期：9～10月
高さ：0.5～1m
環境：岩場や風衝地
分布：高地に多
【箱根が基準産地】
【フォッサ・マグナ要素】

2021.7.19

イワナンテン

岩南天　ツツジ科

Leucothoe keiskei

岩から下垂する常緑小低木。葉は互生し、広披針形で長さ5～8cm、先は長く伸びて尖り、上面は深緑色で光沢がある。花は上部の葉腋に数個下垂する。花冠は筒状の白色、長さ1.5～2cm、先は浅く5裂する。

花期：7～8月
高さ：長さ30～120cm
環境：湿った岩場
分布：高地にやや少

2022.7.11

ムラサキシキブ

紫式部　シソ科

Callicarpa japonica

落葉低木。冬芽は頂芽が発達し、柄のある裸芽で星状毛に被われる。葉は対生、葉身は長さ6～15cm、基部はくさび形で縁には細鋸歯があり、両面ともに無毛、下面には淡黄色の腺点がある。花は両性、葉腋から集散花序を出し、長さ3～5mmの紫色花を多数つけ、雄しべ4本が突き出る。果実は径約3mmで紫色に熟す。

2005.7.11

花期：6～7月
果期：10～11月
高さ：2～4m
環境：林縁や樹林内
分布：山麓～中標高域に多

ヤブムラサキ

藪紫　シソ科

Callicarpa mollis

落葉低木。ムラサキシキブに似るが、葉は基部が円形で、上面に単純毛、下面には星状毛が密生する。若い枝、葉柄、花序、萼にも密に星状毛がある。花冠はムラサキシキブよりも紅色が濃く、萼は深裂し、果実は下半が萼に被われる。

果実　2005.12.11

花期：6～7月
果期：10～11月
高さ：2～3m
環境：林縁や樹林内
分布：山麓～中標高域に多

ノリウツギ

糊空木　アジサイ科
Hydrangea paniculata

落葉低木～小高木。葉は対生、楕円形で長さ5～15cm。枝先に円錐花序を出し、中央に両性花を、周辺に白色の装飾花を疎らにつける。

花期：7～9月　果期：9～11月
高さ：2～5m
環境：林縁
分布：中標高域～高地に多

2020.7.22

タマアジサイ

玉紫陽花　アジサイ科
Hydrangea involucrata

落葉低木。葉は対生し、長さ10～25cm、縁は細かい鋭鋸歯があり、両面に硬い毛がある。花序はつぼみのときに苞に包まれた球状で目立つ。

花期：8～9月　果期：10～11月
高さ：1～2m
環境：湿った樹林内
分布：山麓～中標高域に多

2020.8.3

リョウブ

令法　リョウブ科
Clethra barbinervis

落葉小高木。樹皮は黄褐色と灰褐色のまだら模様。葉は長楕円形で縁には鋭い単鋸歯がある。枝先に長さ10～20cmの花序を伸ばし、多数の白色花をつける。

花期：7～8月　果期：9～11月
高さ：5～10m
環境：乾いた尾根や林縁
分布：全域に多

2014.7.22

2014.7.28

2014.7.28

サクラガンピ

桜雁皮　ジンチョウゲ科
Diplomorpha pauciflora

別名ヒメガンピ。落葉低木。太い幹の樹皮はサクラに似ている。葉は2列に互生し、卵形で長さ2～5cm、両面に伏毛が生える。疎らな円錐花序に淡黄色花をつける。萼筒は長さ約5mm、先は4裂。国・神奈川RDBはともに絶滅危惧II類。和紙の原料として使われた。

花期：7～8月
高さ：1～3m
環境：林縁
分布：東側～南側、湯河原～熱海方面に多
【箱根が基準産地】
【フォッサ・マグナ要素】

2005.9.9

コガンピ

小雁皮　ジンチョウゲ科
Diplomorpha ganpi

別名イヌガンピ。落葉小低木。冬になると基部を残して枯れる。葉はらせん状に密に互生し、長楕円形で長さ2～4cm。密な円錐花序に淡紅色花を多数つける。萼筒は長さ7～10mm、先は4裂。果実は長さ約5mm。神奈川RDBでは絶滅危惧II類。

花期：7～8月
高さ：1m以下
環境：草地
分布：東側～南側の山麓～中標高域に少

キハギ

木萩　マメ科

Lespedeza buergeri

落葉低木。葉は3小葉からなり、2列に互生する。小葉は楕円形で先は尖り、上面無毛、下面には寝た毛が生える。花は全体に淡黄色で、2個の翼弁は紫色、旗弁内面に紫斑がある。萼裂片は先が鈍く、筒部より短い。

花期：6～9月
高さ：1～3m
環境：林縁
分布：山麓～中標高域に多

2020.8.3

ホツツジ

穂躑躅　ツツジ科

Elliottia paniculata

落葉低木。若い枝は赤褐色で3稜がある。葉は互生し、卵形または広披針形で長さ3～7cm、先は尖り、基部はくさび形。枝先の円錐花序に淡紅色花をつける。花冠は3裂し、裂片は長さ約1cm、巻いて反り返る。

花期：8～9月　果実：10～11月
高さ：1～2m
環境：林縁や岩場
分布：神山・早雲山周辺に稀

2023.9.28

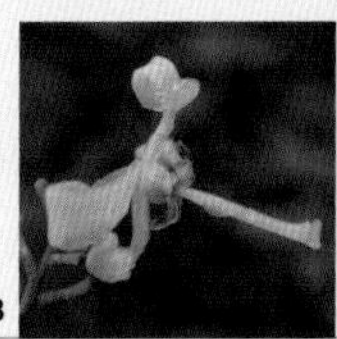

2023.9.28

つる性木本の花

アケビやフジなどのつる性の木本は藤本ともいい、冬になってもつるが枯れず、冬芽をつける。低木の花と同様に目立つ花をつけるものを選び、花の季節順に並べた。ツタウルシやクマヤナギは花が目立たないが、特徴があるので取り上げ、つる性木本の最後に付け加えた。なお、草本性のつる植物は季節の花として扱った。

2020.4.9

アケビ

木通　アケビ科

Akebia quinata

落葉つる性木本。つるは右巻きに巻き上がる。葉は互生、小葉が5個の掌状複葉で小葉は長楕円形で全縁、花序の先に数個の雄花が疎につき、基部に柄の長い雌花が1～3個、雄花よりも長く垂れ下がる。花弁状の萼片3個が目立ち、雄花では紫色を帯びた黄白色、雌花は少し大きく淡赤紫色。

花期：4～5月　果期：9～10月
高さ：高木に登る　環境：林縁
分布：山麓～中標高域に多

2006.4.24

ミツバアケビ

三つ葉木通　アケビ科

Akebia trifoliata

落葉つる性木本。つるは右巻きに巻き上がる。葉は互生、小葉が3個の掌状複葉で小葉は卵形で波状の鋸歯がある。花序の先に数個の雄花が密につき、基部に柄の長い雌花が1～3個つく。花弁状の萼片は3個で雄花雌花ともに濃紅紫色。

花期：4～5月　果期：9～10月
高さ：高木に登る　環境：林縁
分布：山麓～中標高域に多

サルトリイバラ

猿捕茨　サルトリイバラ科

Smilax china

落葉つる性木本。茎は硬く、屈曲して伸び、まばらに刺がある。葉は互生、托葉が巻ひげに変化。葉身は卵円形、縁は全縁、両面ともに無毛で3～5本の平行脈がある。雌雄異株。葉腋から散形花序を出し、黄緑色花を多数つける。果実は径7～8mmの液果で赤く熟す。

花期：4～5月　果期：10～11月
高さ：低木に登る
環境：林縁
分布：全域に多

雄株　2011.5.16

果実　2005.10.31

フジ

藤　マメ科

Wisteria floribunda

落葉つる性木本。つるは左巻きに巻き上がる。葉は互生、奇数羽状複葉で小葉は5～9対。花は両性、枝先から長さ10～20cmの総状花序を下垂し、紫色の蝶形花を多数つける。豆果は長さ10～20cm、乾燥するとはじけて径約1.2cmの円盤状の種子を飛ばす。

花期：5月　果期：10～12月
高さ：高木に登る
環境：林縁
分布：全域に多

2022.5.23

2021.5.31

ハンショウヅル

半鐘蔓　キンポウゲ科

Clematis japonica

落葉つる性木本。葉は互生し、3小葉からなり、小葉は長さ4〜10cm。花は両性。葉腋から花柄を伸ばし、花柄の中部には1対の披針形の小苞があり、花柄は葉柄より明らかに長い。花弁はなく、萼片は下向きの鍾状で紫褐色。果実は痩果、花後に花柱は伸長して羽毛状になる。

花期：5〜6月　果期：10〜11月
高さ：低木に登る
環境：林縁や落葉樹林内
分布：全域に多

2015.4.12

シロバナハンショウヅル

白花半鐘蔓　キンポウゲ科

Clematis williamsii

落葉つる性木本。葉は互生し、3小葉からなり、小葉は卵形で3中裂し、白毛が多い。花は鐘形で下向きに咲き、淡黄白色、花弁はなく、4個の花弁状の萼片がある。萼片は広楕円形で長さ約2cm、外面は有毛。雄しべは無毛。

花期：4〜5月　果期：10〜11月
高さ：低木に登る
環境：林縁や落葉樹林内
分布：山麓に少

トリガタハンショウヅル

鳥形半鐘蔓　キンポウゲ科

Clematis tosaensis

落葉つる性木本。葉はハンショウヅルに似ているが、全体に小型。花柄は葉柄よりも短く、苞は花柄の基部にあって見えない。花は淡黄白色、鐘形で下向きに咲く。花弁はなく、4個の花弁状の萼片は先が少し反曲する。和名は高知県の鳥形山による。神奈川RDBでは絶滅危惧ⅠB類。

花期：5～6月
高さ：低木に登る
環境：林縁や落葉樹林内
分布：高地に稀

1999.6.5

ムラサキアズマハンショウヅル

紫東半鐘蔓　キンポウゲ科

Clematis tosaensis* f. *purpureofusca

トリガタハンショウヅルに似た植物で花が紫褐色のもの。学名はトリガタハンショウヅルの品種扱いであるが、全体に大きく、頂小葉は長さ4～6cm、萼片は長さ16～24mmある。神奈川RDBでは絶滅危惧ⅠA類。

花期：5～6月
高さ：低木に登る
環境：林縁や落葉樹林内
分布：高地に稀

2011.5.31

2006.5.24

オオバウマノスズクサ

大葉馬鈴草　ウマノスズクサ科

Aristolochia kaempferi

落葉つる性木本。つるは右巻きに巻き上がり、軟毛が生える。葉は互生し、卵形で基部は心形、長さ8～12cm、下面脈上の毛は斜上する。花は両性、葉腋につけ、萼は合着してラッパ状、先は広がって径約2cm、黄色の地に褐色の縞模様がある。果実は長楕円形で6稜があり、稜の間で裂けて多数の種子を出す。

2020.6.3

花期：5月
果期：9～11月
高さ：低木に登る
環境：林縁
分布：全域に多

2019.5.23

ジャケツイバラ

蛇結茨　マメ科

Caesalpinia decapetala

落葉つる性木本。つる、葉柄、葉軸に鋭い逆刺がある。葉は互生、2回偶数羽状複葉で3～8対の羽片をつけ、各羽片には5～12対の小葉をつける。小葉は長さ1～2.5cm。花は両性、枝先に長さ20～30cmの総状花序を出し、径約2.5cmの黄色花を多数つける。豆果は上側の合わさり目が翼となり、長さ約1cmの楕円形の種子を数個入れる。

花期：5月　果期：10～11月
高さ：高木に登る
環境：林縁
分布：山麓～中標高域に多

ツルアジサイ

蔓紫陽花　アジサイ科
Hydrangea petiolaris

落葉つる性木本。葉の形態はイワガラミによく似ているが、装飾花には3～5個の白色萼片があるので、花序があれば区別は容易。葉の縁の鋸歯はイワガラミに比べて細かく、成葉では片側30個以上ある。幼木では葉が小さく、鋸歯が粗くなるので、イワガラミとの区別は難しくなる。

花期：6～7月　果期：9～10月
高さ：高木に登る
環境：樹林内
分布：高地に多

2023.6.10

イワガラミ

岩絡み　アジサイ科
Hydrangea hydrangeoides

落葉つる性木本。幹や枝から気根（空気中に伸ばす根）を出してよじ登る。葉は対生、縁の鋸歯は粗く、片側に20個以下。花序の中央に両性花、周辺に装飾花をつける。装飾花は1個の白色萼片からなるので、花序があれば果実期でもツルアジサイとは容易に区別できる。

花期：6～7月　果期：9～10月
高さ：高木に登る
環境：樹林内や林縁
分布：中標高域に多

2014.7.22

2015.6.10

マタタビ

木天蓼　マタタビ科

Actinidia polygama

落葉つる性木本。つるは右巻きに巻き上がる。葉は互生し、光沢がなく下面脈上に突起状の硬い毛がある。花期に枝先につく葉が白色になる。花は若い枝の中部付近の葉腋につけ、雄花をつける株と両性花をつける株があり、両性花と雌花は１個ずつ、雄花は１～３個つける。果実は細長く、先端は尖る。

花期：6～7月　果期：10月
高さ：低木から高木に登る
環境：林縁
分布：山麓～中標高域に多

2021.6.9

果実　2014.10.8

サルナシ

猿梨　マタタビ科

Actinidia arguta

落葉つる性木本。つるを縦に削ると髄の隔壁がはしご状になっている。葉は上面にやや光沢があり、硬く、花期にも白色にならない。雌雄異株または同株。花は若枝の先端近くの葉腋につき、雄花序には数花、雌花と両性花は１～３花をつけ、葯は黒紫色。果実は酒樽形でやや丸く、熟すとキウイフルーツに似た味がする。

花期：6～7月　果期：10～11月
高さ：低木から高木に登る
環境：林縁
分布：全域に多

スイカズラ

吸葛　スイカズラ科

Lonicera japonica

半落葉性のつる性木本。枝は褐色で粗い毛が密生する。葉は対生し、長楕円形で成葉では全縁、幼木では羽状に分裂することがあり、下面に毛が多い。花は両性、枝先の葉腋に2個ずつつけ、花冠は漏斗状の2唇形で白色から黄色に変わり、甘い芳香がある。液果は2個ずつ並び黒く熟す。和名は花の奥にある蜜を吸って遊ぶため。

花期：5～7月
果期：10～12月
高さ：低木に登る
環境：林縁や荒れ地
分布：山麓～中標高域に多

果実　2019.10.26

2019.6.22

カギカズラ

鉤葛　アカネ科

Uncaria rhynchophylla

常緑のつる性木本。葉は対生し、葉腋に枝が変化した鉤があり、他の樹木にからんでよじ登る。葉腋から柄のある頭状花序を伸ばし、淡黄色花を多数つける。花冠は筒状漏斗形で長さ約1cm、先は5裂し、こん棒状の柱頭が突き出る。神奈川RDBでは絶滅危惧ⅠB類。

花期：7月　果期：10～11月
高さ：高木に登る
環境：林縁や樹林内
分布：南部の山麓に少

花序　2011.7.4

2011.7.4

2020.8.11

ボタンヅル

牡丹蔓　キンポウゲ科

Clematis apiifolia

草本状のつる性木本。葉は対生し、葉柄で他物にからみつく。葉が3出複葉のものをボタンヅル var. *apiifolia*、2回3出複葉のものをコボタンヅル var. *biternata* という。箱根にはコボタンヅルの方が多い。花は4萼片が十字形に平開した白色花。果実は痩果、花後に花柱が伸長し羽毛状になる。

花期：8～9月　果期：10～12月
高さ：低木～小高木に登る
環境：林縁や草地
分布：全域に多

2020.9.14

センニンソウ

仙人草　キンポウゲ科

Clematis terniflora

草本状のつる性木本。葉は対生し、奇数羽状複葉で小葉は1～3対。小葉は3角状卵形で全縁、小葉柄が他物にからみつく。枝先や葉腋に円錐状の集散花序を出し、4萼片が十字形に平開した白色花をつける。果実は痩果、花後に花柱が伸長して羽毛状になる。

花期：8～9月　果期：10～12月
高さ：低木～小高木に登る
環境：林縁や草地
分布：山麓～中標高域に多

ツタウルシ

蔦漆　ウルシ科

Toxicodendron orientale

落葉つる性木本。気根で張り付いて他の樹木に登る。葉は3出複葉で、小葉は卵形〜楕円形で全縁。幼木の葉は粗い鋸歯があり、ツタの葉に似るが、鋸歯の先に小突起がない。葉に触れるとかぶれるので要注意。雌雄異株。葉腋に黄緑色の小さな花を多数つける。果実は偏球形で径5〜6mm、縦に筋がある。

花期：5〜6月　果期：8〜9月
高さ：小高木〜高木に登る
環境：樹林内
分布：中標高域〜高地に多

2000.8.12

幼木の葉　2009.7.12

クマヤナギ

熊柳　クロウメモドキ科

Berchemia racemosa

落葉つる性木本。若い枝は暗黄緑色。葉は互生し、卵形〜楕円形で全縁、側脈は羽状で7〜8対、下面はやや白色を帯びる。複総状花序に黄緑色の小さな花を多数つける。果実は核果、長さ5〜7mmの長楕円形で、翌年に赤色〜黒色に熟す。

花期：7〜8月　果期：8〜9月
高さ：小高木に登る
環境：林縁や樹林内
分布：中標高域に多

2014.9.24

【用語解説】

【あ】

1年草（いちねんそう）
春に発芽し、秋までに開花結実して枯れる草本。

羽状複葉（うじょうふくよう）
中軸の左右に複数の小葉が並んだ葉。→ P11 図を参照

羽状裂（うじょうれつ）
葉が羽状に分裂した葉で、裂け方の深さにより、浅裂、中裂、深裂といい、各片を裂片という。

APG分類体系（えーぴーじーぶんるいたいけい）
DNA を用いた系統解析の結果を反映した被子植物の分類体系で、研究するグループ（Angiosperm Phylogeny Group）の頭文字がつけられた。

鋭尖頭（えいせんとう）
急に鋭く尖った先端。

液果（えきか）
熟したときに水分を多く含む果実。

液質（えきしつ）
水分を多く含んだ状態。

腋生（えきせい）
花や芽などが葉腋（葉の付け根）から生じること。

越年草（えつねんそう）
秋に発芽して、冬を越して翌春に開花結実して枯れる草本。

エライオソーム
種子の付着物で軟らかく栄養に富んでいる。→カタクリを参照（P10）

円錐状花序（えんすいじょうかじょ）
総状花序の側枝が枝分かれし、全体が円錐状になった花序。→ P11 図を参照

雄しべ（おしべ）
雄性生殖器官で花粉を入れる葯と花糸からなる。→ P11 図を参照

【か】

外花被片（がいかひへん）
花被片のうち花弁の外側にあるもの。→ P11 図を参照

塊茎（かいけい）
養分を貯蔵して肥大した地下茎。

開出粗毛（かいしゅつそもう）
立った粗い毛。

開出毛（かいしゅつもう）
立った毛。→伏毛

花芽（かが）
冬芽のうち、花や花序のみを出す芽。

花冠（かかん）
複数の花弁をあわせた花の器官の名称。

萼（がく）
花被片のうち外側にあるもの。→ P11 図を参照

核果（かくか）
果実の内果皮が硬化して種子を包むものを核といい、核を囲む中果皮がふつう多肉質となる果実を核果という。

萼筒（がくとう）
萼片が合着して筒状になった部分。

隔壁（かくへき）
管の内部を隔てる壁。

萼片（がくへん）
1 枚の萼。→ P11 図を参照

萼裂片（がくれっぺん）
萼筒の先が複数に裂けたときの各片。

花茎（かけい）
花のみをつける茎。

花後（かご）
花が終った後。

花糸（かし）
雄しべの柄の部分。→ P11 図を参照

花序（かじょ）
茎につく花の配列状態。

花床（かしょう）
花柄の先の雌しべ、雄しべ、花弁、萼がつく部分。花托ともいう。→ P11 図を参照

花穂（かすい）
穂のように咲く花。穂状花序を指すことが多い。

花托（かたく）
→花床→P11 図を参照

花柱（かちゅう）
雌しべの子房と柱頭の間の部分。
→P11図を参照
花被（かひ）・**花被片**（かひへん）
葉が変化したもので、雄しべや雌しべを囲むもの。萼や花弁のこと。
→P11図を参照
花柄（かへい）
花または花序の柄の部分。→P11図を参照
花弁（かべん）
花びらのこと。花被片のうち、内側にあるもの。→P11図を参照
芽鱗（がりん）
冬芽の外側にある鱗状の葉で芽を保護。
冠毛（かんもう）
キク科植物の果実の頂につく毛状の突起で萼片が変化したもの。
偽球茎（ぎきゅうけい）
ラン科植物にみられる短くて太い茎。偽鱗茎ともいう。
気根（きこん）
空気中に伸ばす根。→イワガラミを参照（P239）
偽茎（ぎけい）
単子葉植物の葉鞘が重なった茎状の部分。→テンナンショウの仲間・解説を参照（P36）
基部（きぶ）
根本の部分。
旗弁（きべん）
マメ科の花弁で上側にあって大型のもの。→秋のマメ科植物・解説を参照（P156）
球茎（きゅうけい）
茎の基部が球状に肥大して養分を貯蔵したもの。→テンナンショウの仲間・解説を参照（P36）
距（きょ）
花弁や萼の基部が袋状にふくれて突き出たもので、蜜を分泌する。
鋸歯（きょし）
葉の縁にある鋸の歯のような切れ込み。切れ込みが浅いことを鋸歯が低いという。
近縁種（きんえんしゅ）
生物の分類で近い関係にある種。
群生（ぐんせい）
多数の植物体が群がって生えている様子。
茎葉（けいよう）
茎につく葉。
堅果（けんか）
熟しても割れない果実で、果皮が硬くて乾いたもの。
光合成（こうごうせい）
光のエネルギーを利用して二酸化炭素から有機物を作ること。
交雑種（こうざつしゅ）
異なる種間の交配が関係して生じた種のこと。
広線形（こうせんけい）
線形の広いもの。
広卵形（こうらんけい）
幅が広い卵形。
互生（ごせい）
葉や枝が互い違いにつくこと。
根茎（こんけい）
地下茎のうち、茎の主軸部分を指す。
根生（こんせい）
根元から出ること。
根生葉（こんせいよう）
茎の地面に近いところにつく葉。茎が短く根生葉が放射状に地面に広がったものをロゼットという。
棍棒状（こんぼうじょう）
先が広がった棍棒に似た形。
根粒菌（こんりゅうきん）
マメ科植物の根に共生し、根粒を形成する細菌で、空気中の窒素からアンモニアを作ることができる。

【さ】
細歯牙（さいしが）
口の部分に歯のように並んだ細かい鋸歯。
さく果（さくか）
熟すと裂けて種子を出す果実。

3脈（さんみゃく）
3個の脈。中脈と基部の左右の脈が太くて目立つもの。
歯牙（しが）
鋸歯の先が山状で葉先に傾かないもの。
散形花序（さんけいかじょ）
総状花序の軸が伸びず、軸の頂端に放射状に花がつき、花柄が同じくらいの長さのもの。→P11図を参照
3出複葉（さんしゅつふくよう）
3個の小葉からなる複葉。→P11図を参照
散房花序（さんぼうかじょ）
総状花序のうち、基部の花では柄が長く、上部の花では柄が短く、花序の頂が平らになるもの。→P11図を参照
子房（しぼう）
雌しべの基部にある膨らんだ部分で、受精して果実になる部分。→P11図を参照
雌雄異株（しゆういしゅ）
雄花をつける株と雌花をつける株が異なる場合。同一株に雄花と雌花の両方をつける場合を雌雄同株という。
集合果（しゅうごうか）
1つの花の複数の雌しべが、それぞれ発達して一塊になった果実。
集散花序（しゅうさんかじょ）
花序軸の先端に花がつき、次にその腋から伸びた枝先に花がつき、それを繰り返して咲き続ける花序。→P11図を参照
掌状脈（しょうじょうみゃく）
手のひら状に分岐した脈。
鞘状葉（しょうじょうよう）
単子葉植物の葉の基部は鞘状に茎を包むことが多いが、その葉身が退化したものを鞘状葉という。
小葉（しょうよう）
複葉を構成する1枚1枚の小さい葉。3枚の小葉を3小葉という。
唇形花（しんけいか）
花冠の先が上下の二片に分かれ、唇のような形をしたもの。
心皮（しんぴ）
雌しべは1～数個の葉が合わさったもので、雌しべを作る葉のことを心皮という。
唇弁（しんべん）
ラン科、スミレ科、シソ科などの花は左右総称で、その下側にある花弁が唇形に広がったもの。
穂状花序（すいじょうかじょ）
下から上へ咲きながら伸びる花序のうち、柄のない花が穂状につくもの。→P11図を参照
数性（すうせい）
萼、花弁、雄しべなどの基本数。
星状毛（せいじょうもう）
1ヶ所から放射状に伸びた毛。
節間（せっかん・ふしあい）
節と節の間。
節果（せっか）
縫合線から裂けずに節で切れる豆果。→ヌスビトハギを参照（P138）
舌状花（ぜつじょうか）
キク科植物の小花のうち、先が片側にだけ開いて舌を出したように見える花。→秋のキク科植物・解説を参照（P168）
全縁（ぜんえん）
葉などの縁に鋸歯や切れ込みがないこと。
線形（せんけい）
細長く帯状の葉の形。
腺体（せんたい）・**腺点**（せんてん）
蜜や粘液を分泌する器官を蜜腺といい、それが明らかな突起や付属物のときは腺体、小さな孔のときは腺点という。
腺に終わる（せんにおわる）
鋸歯や突起の先が腺体または腺点になること。
腺毛（せんもう）
蜜や粘液を分泌する毛。

浅裂(せんれつ)
浅く裂けた状態。浅く5つに裂けることを5浅裂という。
全裂(ぜんれつ)
基部まで裂けた状態。基部まで3つに分裂した状態を3全裂という。
痩果(そうか)
裂開しない果実で、果皮が薄く、乾いて種子に密着しているもの。
走出枝(そうしゅつし)
→匐枝(ふくし)を参照
総状花序(そうじょうかじょ)
下から上へ咲きながら伸びる花序のうち、柄のある花が穂状につくもの。→P11図を参照
装飾花(そうしょくか)
花序周辺部の花が大きく発達し、花序全体を目立たせて、訪花動物を誘引する効果があるもの。
叢生(そうせい)
植物の生え方で、同じ場所から多くの茎が立ち上がった状態。
総苞(そうほう)
花の基部にある葉を苞、花序全体の基部にあるものを総苞、その個々の葉を総苞片という。キク科では鱗片状の総苞片が集まって筒状になり、花序を包む。
総苞外片(そうほうがいへん)
総苞片のうち外側基部にあるもの。
草本(そうほん)
地上部がふつう1年で枯れる植物。
側小葉(そくしょうよう)
複葉の側方に出る小葉。
側生(そくせい)
側方に出ること。
側弁(そくべん)
左右相称花で側方に出る花弁。

【た】
袋果(たいか)
1個の葉に由来する雌しべからできる果実で、熟すと1本の線に沿って縦に裂ける。
対生(たいせい)
葉や枝が茎の1ヶ所に2個対になってつくもの。
多管質(たかんしつ)
葉が平行した複数の管からなり、アミダくじ状に各管に隔壁がある性質。
抱く(だく)
葉の基部が茎を半ば取り巻く様子。
托葉(たくよう)
葉の付け根の両側にある葉片状の器官(葉柄基部の付属物)。→P11図を参照
托葉鞘(たくようしょう)
托葉が鞘状になって茎を包んだものを托葉鞘という。
多年草(たねんそう)
3年以上生存する草本。
単管質(たんかんしつ)
葉が1本の管からなり、竹の節のような単純な隔壁を持つ性質。
単純毛(たんじゅんもう)
枝分かれなど、特殊な形態ではない普通の毛。
単生(たんせい)
1個ずつ着くこと。
柱頭(ちゅうとう)
雌しべの頂部の花粉がつくところ。→P11図を参照
中裂(ちゅうれつ)
半ばまで裂けた状態。半ばまで5つに裂けた状態を5中裂という。
頂芽(ちょうが)
枝の先端に形成される芽。
頂小葉(ちょうしょうよう)
複葉の頂につく小葉。
頂生(ちょうせい)
枝などの頂に着くこと。
頭花(とうか)
キク科のように柄のない花が多数集まった花序が1個の花のように見えるもの。
豆果(とうか)
マメ科植物の果実。1個の心皮に由来する果実で、成熟すると2本の線に沿って裂ける。→秋のマメ科植物・

解説を参照（P156）
冬芽（とうが）
冬を越して春に伸びる芽。
筒状花（とうじょうか）
キク科の筒状の小花。→秋のキク科植物・解説を参照（P168）
倒卵状長楕円形（とうらんじょうちょうだえんけい）
先の方が幅広い楕円形で、やや細長いもの。
鳥足状複葉（とりあしじょうふくよう）
3出複葉や掌状複葉の最下側小葉の柄がさらに小葉柄を生じ、小葉柄の分岐が鳥足状になった複葉。

【な】
内花被片（ないかひへん）
花被片のうち内側にあるもの。→P11図を参照。
肉質突起（にくしつとっき）
肉のように柔らかい突起物。
根際（ねぎわ）
根元。

【は】
杯状花序（はいじょうかじょ）
トウダイグサ属の特殊な花序。壺状の苞の中に雄しべ1個に退化した数個の雄花と、雌しべ1個の雌花が1つ入っている。苞の縁には腺体がある。
花芽（はなめ）
→花芽（かが）を参照
披針形（ひしんけい）
細長く、先の方が狭くなった形。基部の方が狭くなったものを倒披針形という。
風衝地（ふうしょうち）
継続的に強い風が吹きつける場所。
複合果（ふくごうか）
複数の果実が集まって1つの果実のように見えるもので、複数の花に由来するもの。
匍枝（ふくし）
横に這って節から根を出して繁殖する茎。走出枝ともいう。
伏毛（ふくもう）
伏した毛。
仏炎苞（ぶつえんほう）
偽茎の頂にある舷部と筒部からなる苞。→テンナンショウの仲間・解説を参照（P36）
不稔種子（ふねんしゅし）
発芽しない種子。
分果（ぶんか）
1個の果実が種子を出さずに、縦に複数の部分に分かれた各部分。
閉鎖花（へいさか）
開花せずに自家受粉して結実する花。
苞（ほう）・**苞葉**（ほうよう）
花の基部にあって花を保護する葉または葉が変化したもの。→P11図を参照
崩壊地（ほうかいち）
崖崩れなどにより生じた裸地や岩礫地。
捕虫嚢（ほちゅうのう）
タヌキモ属などの食虫植物がミジンコなどを捕まえるために持つ器官。
匍匐（ほふく）
茎やつるなどが地面を這う状態。

【ま】
膜質（まくしつ）
薄くて膜のような性質。
蜜腺溝（みつせんこう）
蜜を分泌する器官あるいは組織で、形が溝状のもの。
脈腋（みゃくえき）
葉脈が分かれた先端側の腋。
むかご（むかご）
腋芽が養分を蓄えて肥大したもので、離れて植物体になる。
無柄（むへい）
葉柄や花柄などがほとんどないこと。
雌しべ（めしべ）
雌性生殖器官で、子房、花柱、柱頭からなる。→P11図を参照
木本（もくほん）
樹木のことで、地上部が越冬し、茎が年々太っていく植物。

【や】

葯（やく）
雄しべの先端にある花粉の入れもの。→ P11 図を参照

矢筈形（やはずがた）
矢の弦を受ける端のような形。

有花茎（ゆうかけい）
花をつける茎。

有柄（ゆうへい）
柄がある。

優占種（ゆうせんしゅ）
植物群落の中でもっとも数が多い種。

油点（ゆてん）
葉などの細胞中に油滴があり、透けて見える小点。

葉腋（ようえき）
葉のつけ根の先端側の腋。

葉縁（ようえん）
葉の縁。

葉軸（ようじく）
複葉の中軸。小葉と小葉をつなぐ部分。

葉鞘（ようしょう）
葉の基部や葉柄が鞘状になって茎を包んでいる部分。

葉身（ようしん）
葉の平らな部分。→ P11 図を参照

葉柄（ようへい）
葉の柄の部分。→P11 図を参照

葉緑素（ようりょくそ）
植物が持っている緑色の色素で、光のエネルギーを利用して二酸化炭素から有機物を作る。

葉脈（ようみゃく）
葉の網目状の構造で、水や養分の通り道。→ P11 図を参照

翼（よく）
翼状またはひれ状に平たく張り出した部分。

翼弁（よくべん）
マメ科の竜骨弁を左右から挟む 2 個の花弁。→秋のマメ科植物・解説を参照（P156）

【ら・わ】

卵形（らんけい）
卵の縦断面の形。

卵心形（らんしんけい）
全体が卵形で、基部がハート形に湾入した形。

竜骨弁（りゅうこつべん）
マメ科の花弁で雄しべ群と雌しべを包むもの。→秋のマメ科植物・解説を参照（P156）

稜・稜角（りょう・りょうかく）
主として茎の角のことをいう。茎に稜がある・ない、3 稜・4 稜などという。

両性花（りょうせいか）
雄しべと雌しべの両方を持つ花。

鱗茎（りんけい）
タマネギのように養分を貯蔵して肥大した葉（鱗葉）が短い茎に多数つき芽を包んでいるもの。

鱗状毛（りんじょうもう）
グミ科植物の葉などに見られる鱗状に張り付いた毛。

輪生（りんせい）
葉が茎の1ヶ所に3個以上つくこと。

鱗片（りんぺん）
生物の鱗状の構造物。葉が変形して鱗状になったもの。

鱗片葉（りんぺんよう）
退化して鱗状になった葉。

ロゼット
茎が短く根生葉が放射状に地面に広がったものをロゼットという。→根生葉（こんせいよう）を参照

湾入（わんにゅう）
湾のように入り込んだ形。

【索引】

本書でとりあげた項目の植物名をあげました。

※は項目にはないが、写真や解説文の中で紹介している植物名や別名です。

【ア】

～おわりに～

神奈川県西部には南から、箱根火山、丹沢山地、小仏山地と性質の異なる3つの山地があります。神奈川県に住むものとしては、この3つの山地の植物図鑑がそろったらいいなと考えていました。丹沢自然保護協会が2018年に『丹沢に咲く花』を作られ、2021年には村川さんとの共著で『高尾山に咲く花』を出版しました。今回の『箱根に咲く花』でその3冊がそろいます。この小冊子が箱根での植物観察に少しでもお役に立てば幸いです。

●参考文献

『改訂新版　日本の野生植物』1～5巻　平凡社
『山渓ハンディ図鑑　樹に咲く花』（全3巻）　山と溪谷社
『山溪ハンディ図鑑　山に咲く花』　山と溪谷社
『神奈川県植物誌2018』　神奈川県植物誌調査会
『神奈川県レッドデータブック2022植物編』
　神奈川県環境農政局緑政部自然環境保全課
丹沢自然保護協会編『丹沢に咲く花』　有隣堂
勝山輝男著・村川博實写真『高尾山に咲く花』　有隣堂

箱根に咲く花

2024年4月29日　初版第1刷発行

定価はカバーに表示してあります。

著　者　勝山輝男
発行者　松信健太郎
発行所　株式会社　有隣堂
　　　　本　社　〒231-8623 横浜市中区伊勢佐木町1-4-1
　　　　出版部　〒244-8585 横浜市戸塚区品濃町881-16　電話045-825-5563
印刷所　株式会社堀内印刷所
装丁・レイアウト　小林しおり

ISBN：978-89660-247-0　C2026